U0077938

圖解Web技術的機制

Web Technology

西村泰洋 [著]

図解まるわかり Web 技術のしくみ

(Zukai Maruwakari Web Gijyutsu no Sikumi: 6949-1)

© 2021 Yasuhiro Nishimura

Original Japanese edition published by SHOEISHA Co.,Ltd.

Traditional Chinese Character translation rights arranged with SHOEISHA Co.,Ltd.

through JAPAN UNI AGENCY, INC.

Traditional Chinese Character translation copyright © 2022 by GOTOP INFORMATION INC.

若從個人應用的角度來看，平日瀏覽的網頁、搜尋引擎、社群網站、線上購物這類 Web 技術，其實是最貼近我們生活的資訊系統。雖然這套資訊系統也包含 AI、物聯網、大數據這類聽起來有些艱深的技術，但的確是能讓我們隨時開始經營與開發的獨特系統。

另一方面，Web 技術的架構與機制今後應該也會不斷地進化，而且會非常激烈與迅速。

若從基礎架構來看，早期要想進軍電子商務，就必須自行架設網頁伺服器，不然就是得使用 ISP（網路供應商）提供的伺服器租用服務，但近年來，越來越多人使用雲端，越是大規模的網路系統，越會透過雲端架設與提供網頁服務。

此外，網路系統執行的軟體也有許多是 OSS（開源軟體）。除了網頁服務之外，OSS 甚至可開發、維護大型網路系統。

隨著終端裝置、網路、網路服務的進化、多元化，以及網路服務從單純提供資訊的模式演化為應用資訊的模式，導致 Web 技術變得更加複雜，所以通常會使用既有的架構開發系統，讓系統先上線再說，而不會從零開發系統。

本書是寫給您看的：

- **想了解 Web 技術基本知識的讀者**
- **想設立網站或開發網頁應用程式的讀者**
- **想了解雲端服務以及其他專業用語、技術與發展動向的讀者**
- **準備進軍電子商務的讀者**

本書是了解網站、網頁伺服器的入口，幫助大家了解相關的技術。

但願能有更多人對 Web 技術產生興趣，並能在職場應用本書介紹的知識。

目錄

第 1 章

Web 技術的基本
～網頁瀏覽器與網頁伺服器～

15

第 2 章 Web 的特殊機制
～不斷進化的網站後台～
37

第 **3** 章

撐起 Web 的機制
～ Web 相關功能與建置伺服器～

67

第 4 章 Web 的普及與推廣
～持續增加的用戶與不斷擴大的市場～
93

第 **5** 章 **與Web不同的系統**
~未於 Web 出現，無法在 Web 出現的系統~ 　115

第 **6** 章 與雲端之間的關係
~了解現行 Web 系統的基本架構~ 131

第 **7** 章 設置網站時
~需要確認的事項~

149

第 **8** 章 網路系統的開發
~使用可用的資源~ 177

第 9 章 安全性與維護
～網路與系統的安全性與維護方式～

207

Web 技術的基本

～網頁瀏覽器與網頁伺服器～

第 **1** 章

≫ 什麼是 Web（全球資訊網）？

透過網路提供的機制

如今，我們的生活或工作早已少不了網路。廣義上的「全球資訊網」是指**透過網路提供或交換資訊、商業題材的機制**（圖 1-1）。

若從早期的 Web 技術發展史來看，Web 是 World Wide Web 的簡稱，而 World Wide Web 又可簡稱為 **WWW**，但簡單來說，Web 就是透過網路提供**超文件**的系統。

由於 Web 技術不斷地進化，現在大部分的資訊系統都可透過網路建構，本書也將根據 Web 技術的發展過程，解說目前的 Web 技術與系統。

透過超連結建立關聯性

組成網站的每一張網頁都是透過超連結或參照與其他網頁建立關聯性，而地球上的大量文件與資訊，也是從某個網站傳輸至另一個網站（從某個網頁伺服器移動至另一個網頁伺服器），藉此跨越大海與國界。這種稱為超連結的機制主要是利用以超文字標示語言（HyperText Markup Language，簡稱 HTML，請參考 **2-3**）寫成的網頁建置。在以超文字製作的頁面植入超連結，**就能移動到其他的頁面**（圖 1-2）。

業務系統則是從選單畫面呼叫各種處理或程式，等到處理或程式結束後，再回到選單的構造，但網站則通常是透過連結切換頁面。

接著讓我們一起了解網路系統的構造。

圖1-1　Web 的概要

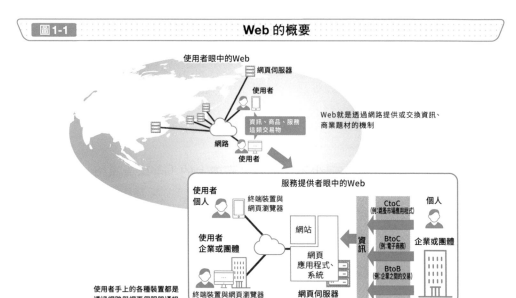

使用者眼中的Web

網頁伺服器

使用者

資訊、商品、服務 這類交易物

網路

使用者

Web就是透過網路提供或交換資訊、商業題材的機制

服務提供者眼中的Web

使用者 個人

終端裝置與 網頁瀏覽器

網站

CtoC （例:跳蚤市場應用程式） 個人

資訊

BtoC （例:電子商務） 企業或團體

使用者 企業或團體

網頁 應用程式、 系統

BtoB （例:企業之間的交易）

使用者手上的各種裝置都是 透過網路與網頁伺服器通訊

終端裝置與網頁瀏覽器　　網頁伺服器

圖1-2　超文字與超連結

超連結除了可串連網站內部的網頁，也能連接其他網站與網頁

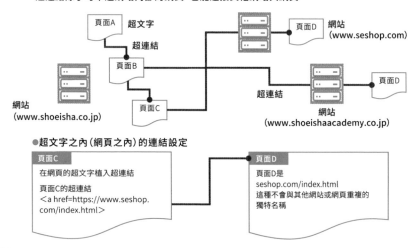

頁面A　超文字

超連結

頁面D　網站 （www.seshop.com）

頁面B

頁面D

網站 （www.shoeisha.co.jp）

頁面C

超連結

網站 （www.shoeishaacademy.co.jp）

●超文字之內（網頁之內）的連結設定

頁面C

在網頁的超文字植入超連結

頁面C的超連結 ＜a href=https://www.seshop. com/index.html＞

頁面D

頁面D是 seshop.com/index.html 這種不會與其他網站或網頁重複的 獨特名稱

Point

🖉Web 就是透過網路提供或交換資訊、商業題材的機制。

🖉Web 可透過超文字與超連結這類機制移動至其他頁面或網站。

》 網路系統的構造

網路系統的基本架構

我們在瀏覽網站時，通常不太會注意使用的是電腦、智慧型手機、平板還是其他裝置。其實使用什麼裝置都無妨，因為只要安裝了網頁瀏覽器這套軟體，以及輸入了正確的網址，就能瀏覽想瀏覽的網站。

終端裝置的網頁瀏覽器會透過網路連接網頁伺服器，網站的基本架構就如圖 1-3 所示，是由**裝置（網頁瀏覽器）、網站、網頁伺服器組成**，實際的架構與主從式系統（參考 **1-8**）相同。

網站與網頁應用程式

不管是網路、網站還是網頁應用程式，都有許多不同的解釋，而本書則是根據圖 1-4 定義這些名詞。

● 網站

　以文字網頁組成的集合體，例如 www.shoeisha.co.jp 是網站，而這個網站的公司簡介頁面、徵才頁面或其他頁面都是網頁。

● 網頁應用程式

　指的是網路商店或其他具有互動機制的應用程式。這類應用程式除了需要網頁伺服器之外，還需要**應用程式伺服器（AP 伺服器）或資料庫伺服器（DB 伺服器）才能建置完成**。銷售書籍或資料的 SEshop.com 就是網頁應用程式。

● 網路系統

　除了上述的網站與網頁應用程式之外，還有提供 API（參考 **1-4**）或其他服務的機制。這類機制通常比較複雜，規模也比較大，例如與外部系統通訊的機制、自動接收天氣資訊的機制或使用物聯網裝置的機制都是其中一例。

圖1-3 網站的系統架構

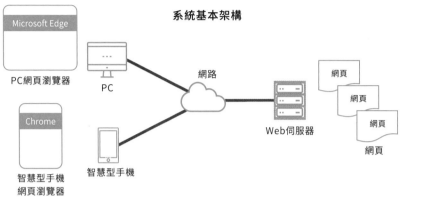

系統基本架構

Microsoft Edge

PC網頁瀏覽器

PC

網路

Web伺服器

網頁
網頁
網頁
網頁

Chrome

智慧型手機
網頁瀏覽器

智慧型手機

※有些應用程式內建了網頁瀏覽器的功能

圖1-4 網站、網頁應用程式、網路系統的差異

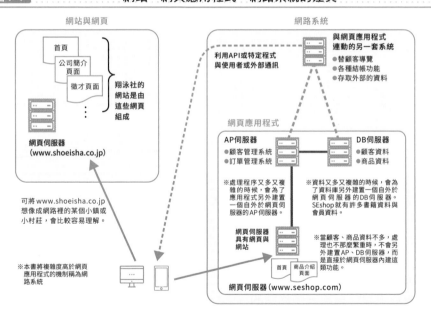

網站與網頁

首頁
公司簡介頁面
徵才頁面
⋮

翔泳社的網站是由這些網頁組成

網頁伺服器
（www.shoeisha.co.jp）

可將 www.shoeisha.co.jp 想像成網路裡的某個小鎮或小村莊，會比較容易理解。

※本書將複雜度高於網頁應用程式的機制稱為網路系統

網路系統

利用API或特定程式與使用者或外部通訊

與網頁應用程式連動的另一套系統
● 替顧客導覽
● 各種結帳功能
● 存取外部的資料

網頁應用程式

AP伺服器
● 顧客管理系統
● 訂單管理系統

DB伺服器
● 顧客資料
● 商品資料

※處理程序又多又複雜的時候，會為了應用程式另外建置一個自外於網頁伺服器的AP伺服器。

※資料又多又複雜的時候，會為了資料庫另外建置一個自外於網頁伺服器的DB伺服器。SEshop就有許多書籍資料與會員資料。

網頁伺服器具有網頁與網站

※當顧客、商品資料不多，處理也不那麼繁重時，不會另外建置AP、DB伺服器，而是直接在網頁伺服器內建這類功能。

首頁　商品介紹頁面

網頁伺服器（www.seshop.com）

Point

✎ 網站的基本架構是由網頁瀏覽器、網路、網頁伺服器組成。

✎ 若是加上 AP 伺服器或 DB 伺服器，整個架構就會變得更複雜些。

瀏覽網頁

輸入 URL

剛剛在 **1-2** 說明了網站與網路系統的架構,而本節要透過使用者與瀏覽網頁的角度進一步解說上述的架構。

使用者手上的終端裝置有很多種,例如電腦、智慧型手機、平板電腦都是其中一種,若從瀏覽網站的時間或次數來看,目前最主流的裝置應該是智慧型手機。

當使用者準備瀏覽網站時,可在這些裝置安裝網頁瀏覽器,再**輸入或點選以**「http:」或「https:」為開頭的 **URL**(Uniform Resource Locator),**就能瀏覽網頁**(圖 1-5)。使用者可自行在網頁瀏覽器輸入 URL,也可以點選 URL 的連結,透過裝置與網路瀏覽想瀏覽的網頁。

專為使用者設計的應用程式

市面上各種說明 Web 技術的文章或書籍大致都是上述這類內容,不過現在的情況已有些不同,一來有許多企業為了提供網頁服務而針對各種裝置設計了專用的應用程式,供使用者存取網頁服務。這些專為使用者設計的應用程式內建了 URL,只要一啟動就能立刻存取特定的網頁服務(圖 1-6)。這類應用程式常給人一種只能連往特定網站的印象,但除了可瀏覽網頁或網站,有時也能自動與其他的伺服器存取特定資料。

這種應用程式的基本架構與圖 1-3 非常類似,用戶端可使用一般的網頁瀏覽器,或特定的應用程式存取其他網站的伺服器。

圖1-5　　　　　　　　　　　　**URL 的概要**

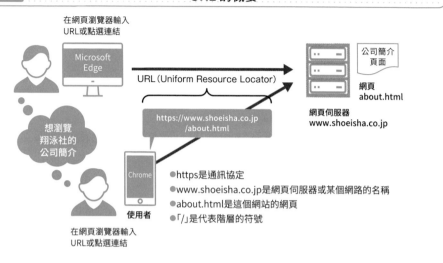

在網頁瀏覽器輸入
URL或點選連結

Microsoft
Edge

URL (Uniform Resource Locator)

公司簡介
頁面

網頁
about.html

網頁伺服器
www.shoeisha.co.jp

想瀏覽
翔泳社的
公司簡介

https://www.shoeisha.co.jp
/about.html

Chrome

- https是通訊協定
- www.shoeisha.co.jp是網頁伺服器或某個網路的名稱
- about.html是這個網站的網頁
- 「/」是代表階層的符號

使用者

在網頁瀏覽器輸入
URL或點選連結

圖1-6　　　　　　　　　　　　**特定應用程式的概要**

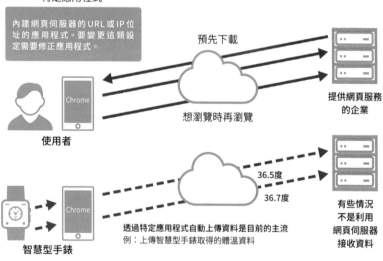

特定應用程式

內建網頁伺服器的URL或IP位
址的應用程式。要變更這類設
定需要修正應用程式。

預先下載

Chrome

提供網頁服務
的企業

使用者

想瀏覽時再瀏覽

36.5度

36.7度

Chrome

有些情況
不是利用
網頁伺服器
接收資料

透過特定應用程式自動上傳資料是目前的主流
例：上傳智慧型手錶取得的體溫資料

智慧型手錶

Point

✎在網頁瀏覽器輸入 URL，存取網頁伺服器與網頁。

✎利用智慧型手錶的特定應用程式存取網頁伺服器的情況越來越常見。

» 何謂 URL？

URL 代表的意思

瀏覽網站時，大部分的使用者不是點選連結就是輸入 URL 吧？

所謂的 URL 就是網頁或網站的檔案。

以圖 1-7 的 https://www.shoeisha.co.jp/about/index.html 為例，https:// 的部分為**協定名稱**，www.shoeisha.co.jp 的部分則是 **FQDN**（Fully Qualified Domain Name：完整網域名稱），後續的 /about 與其他內容則是**路徑名稱**。就算沒有輸入 index.html 或 index.htm，網頁伺服器會自動幫忙補足。

假設從瀏覽器的角度來看，URL 就是發出以何種協定傳輸某處檔案的要求。

何謂網域名稱？

以圖 1-7 為例，「shoeisha.co.jp」的部分就是網域名稱。

網域名稱在網際網路的世界裡都是獨一無二的，而且都擁有對應的全球 IP 位址。由於全球 IP 位址是一整串數字，從外表看不出對應的網站，所以大部分的情況都是使用網域名稱。假設是能看出對應網站的 IP 位址，在網頁瀏覽器輸入全球 IP 位址也可以瀏覽網頁。

此外，除了「.jp」、「.com」、「.net」、「.co.jp」之外，還有許多常見的網域名稱，而「gTLD」（Generic Top Level Domain）則是各領域的通用頂級域名。除了圖 1-8 介紹的例子之外，還有各種網域名稱（參考 **7-5**）。

圖 1-7 URL 代表的意義

URL 的範例

主機名稱　網域名稱

https://www.shoeisha.co.jp/about/index.html

協定名稱　　　　FQDN　　　　　路徑名稱

代表 http 或
https 這類協定

● Fully Qualified Domain Name 的簡寫
● 也稱為完整網域名稱
● www 是主機名稱，而 shoeisha.co.jp
　則是網域名稱

省略 index.html 或 index.htm 時，
網頁伺服器的軟體「http daemon」
會自動補上

電腦或伺服器的檔案都是
以階層構造存放，而網頁
的位置與名稱都是以斜線
串連

profile.html
recruit.html
mission.html

公司簡介
◆ 業務內容
徵才資訊
◆ 徵才事項
企業理念
◆ 我們的使命

圖 1-8 主要網域名稱

● 網域名稱可分成 gTLD 以及各國分配到的 cc（country code）TLD
● 最常用的網域是 .jp、.com 或是 .net，從各種網域名稱的行情價便可一窺網域受歡迎的程度

網域搜尋頁面

centurytable

搜尋

從 .jp$4000- . com$2000- .net$2000-
這類定價可看出網域受歡迎的程度

gTLD的網域名稱	概　要
.com	誰都可使用的網域名稱，也是最受歡迎的網域名稱之一。適合商業組織使用
.net	誰都可使用的網域名稱，也是最受歡迎的網域名稱之一。一般網路使用
.org	團體、協會或其他法人組織常使用這種網域名稱
.edu、.gov	教育機構或政府機關這類組織必須使用這類網域名稱
.biz、.info、.name、.pro	誰都可使用的網域名稱，但通常具有商業專用、個人網頁專用、專用人士專用的色彩

JP網域名稱（ccTLD）的範例	概　要
.co.jp	公司法人的標準網域名稱
.jp	與.com一樣受歡迎的網域名稱
.or.jp、.ac.jp、.go.jp	財團、社團、學校法人、政府機關的網域名稱

除了 .tokyo 之外，還有 .yokohama 或 .nagoya 這類網域名稱，所以於日本做生意的人最好搶先一步註冊

※這張表是參考日本網路資訊中心（JPNIC）的網站製作 https://www.nic.ad.jp/ja/dom/types.html

Point

🖉 使用者輸入的 URL 由網域名稱以及路徑名稱組成。

🖉 網域名稱不會重複之餘，還擁有對應的 IP 位址。

>> 網頁伺服器的外觀與內容

實際的外觀

在網站或網路系統的基本架構之中,網頁伺服器是不可或缺的一部分,其外觀會隨著網頁服務的用戶數或規模而改變。

以圖 1-9 為例,伺服器可分成辦公室常用的**直立型**、資訊中心或資料庫常用的**機架型**或是其他種類,而伺服器作業系統則以 **Linux** 為主流,有些則會使用 **Windows Server**。

大規模的商業系統則會使用製造商專用的大型主機伺服器(Mainframe)或是 **UNIX** 伺服器,但網頁伺服器通常以小型或中型為主,較常使用可依照規模調整伺服器數量的機架型伺服器。

Linux 越來越普及的理由

伺服器市場有五成為 Windows Server,其次則是 Linux 與 UNIX,但從伺服器之一的網頁伺服器來看,Linux 卻比 Windows Server 多上許多,這是因為 Windows Server 雖然內建了很多功能,也能快速設定必要的功能,但維護與營運成本較高。

反觀 Linux 雖然比 Windows Server 更難設定,卻能視情況追加需要的功能,也比較節省磁碟空間,運作的穩定性較高但維護成本卻較低(圖 1-10)。

由於網路伺服器需要的功能不多,除了郵件伺服器,就不太需要其他的功能,所以從功能簡潔、成本低廉這兩點來看,**Linux** 是比較適當的作業系統。

圖 1-9　大部分的網頁伺服器都是機架型

- 位於辦公室一隅的
  直立型伺服器
- 是較少見的網頁伺服器

- 最常見的是機架型伺服器
- 可隨著連線數與規模增加伺服器
- 是網頁伺服器的主流之餘，
  雲端伺服器也採用這種架構

大規模業務系統會採用
大型主機伺服器（Mainframe）或
大型 UNIX 伺服器，但這兩種伺服器
幾乎不會當成網頁伺服器使用

圖 1-10　Linux 的網頁伺服器功能

參考：伺服器 OS 的歷史

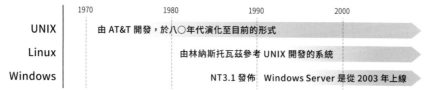

	1970	1980	1990	2000
UNIX		由 AT&T 開發，於八○年代演化至目前的形式		
Linux			由林納斯托瓦茲參考 UNIX 開發的系統	
Windows			NT3.1 發佈　Windows Server 是從 2003 年上線	

- 伺服器 OS 通常可容許大量用戶同時存取的特性
- 基於一脈相承的原理，Linux 與 UNIX 的相容性極高
- 由於 UNIX 擁有許多可用的軟體，而且能長時間運作，所以到現在仍是許多人愛用的伺服器 OS，
  但擁有相同功能與特性的 Linux 也逐步佔領市場。

Linux 可自行安裝
需要的功能

具代表性的網頁伺服器
- Apache
- Nginx

- 若想在 Linux 建置檔案伺服器，只需要安裝「Samba」
- Windows Server 內建的伺服器功能非常齊全，可選擇想
  用的功能再予以設定

Point

　網頁伺服器以機架型伺服器為主流。

　從功能簡潔與成本的角度來看，Linux 是較受歡迎的網頁伺服器作業系統。

》 網頁瀏覽器的功能

網頁瀏覽器的基本功能

在各種網頁瀏覽器之中，Google 的 **Chrome**、 微軟 的 **Microsoft Edge** 或 Internet Explorer 最為有名。

網頁瀏覽器又稱瀏覽器，是**於電腦螢幕顯示超文件的軟體**。以網頁瀏覽器瀏覽 網頁伺服器時，會存取網站的網頁，而這些網頁是由 HTML 語言撰寫。如圖 1-11 所示，網頁瀏覽器會幫忙轉譯由標籤括住的超文件，讓我們知道這些超文 件的內容。

網路系統的架構是由安裝網頁瀏覽器的裝置、網際網路與網頁伺服器組成，其 中的文字資訊或語言有其固定的語法。

因此，若沒有網頁瀏覽器，我們就無法瀏覽那些於平日瀏覽的漂亮網頁。

要求與回應

進一步來說，**網頁瀏覽器會對網頁伺服器發出「想要某些資訊」的要求，而網 頁伺服器則會有所回應**（圖 1-12）。回應的內容有 HTML、CSS、JavaScript（這 些將在第 2 章之後解說），而網頁瀏覽器會將這些內容轉換成適當的格式再於電 腦螢幕顯示。這個流程稱為關鍵轉譯路徑（Rendering Path）。確認開發人員專 用的網頁瀏覽器畫面，就能知道關鍵轉譯路徑流程是由多道複雜的步驟完成的。

圖 1-11 網頁瀏覽器的基本功能～轉換超文件～

使用者瀏覽的網頁

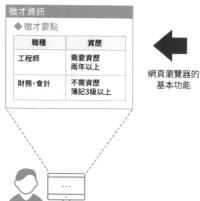

以標籤括住的超文件
（以HTML為例）

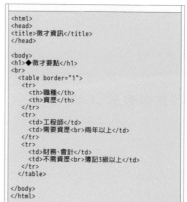

網頁瀏覽器的
基本功能

圖 1-12 由網頁瀏覽器發出的要求

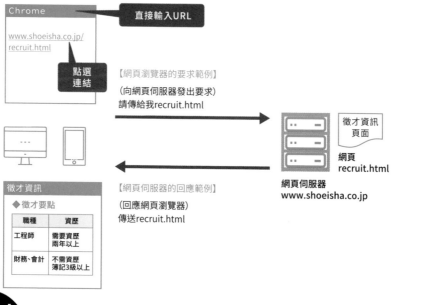

Point

✎ 網頁瀏覽器會利用基本功能，將超文件轉換成容易瀏覽的格式。

✎ 當網頁瀏覽器發出要求，網頁伺服器給予回應後，就能瀏覽網頁。

》 有別於網頁瀏覽器的路徑

API 是什麼？

1-3 提到使用者除了可以透過網頁瀏覽器存取網路系統，也可以利用 **API** 或特定應用程式存取。網路 API 是與網頁瀏覽器不同的網路連線機制，接下來便為大家解說。

API 是 Application Programing Interface 的簡稱，最早**是不同的軟體進行互動時所需的介面規格**，大家可參考圖 1-13 的說明。利用 API 存取網路系統時，不會像網頁瀏覽器那樣顯示超文件，而是進行系統之間的資料交換。

具代表性的 API 範例

最簡單理解的 API 範例就是利用智慧型手機的應用程式，向網頁伺服器存取特定資料的情況。

舉例來說，**將定位資訊傳送給網頁伺服器，再接收當地的天氣資訊**就是其中一例。具體來說，就是如圖 1-14 所示，將緯度（LAT：Latitude）36°710065、經度（LON：Longitude）139°810800 這種資料傳送給網頁伺服器。以大小寫區分 LON 與 LAT 之後，就是各種裝置或 API 可共用的項目。網路上的 AP 伺服器則會根據接收的定位資訊傳回天氣資訊。圖 1-14 是從智慧型手機上傳前述的資訊，但其實也有透過物聯網感測器自動上傳資料的情況。

這類資料很難由人類在網頁瀏覽器手動輸入網址再存取，所以由此可知，透過 API 或特定應用程式存取網路系統的方式將會越來越普及。

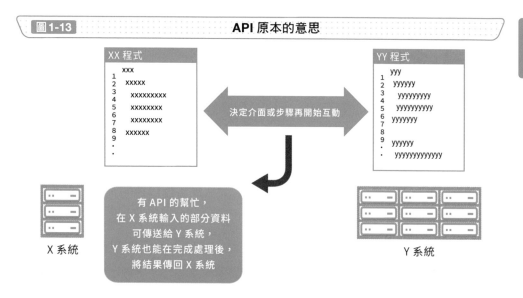

圖 1-13 **API 原本的意思**

XX 程式
```
  xxx
1   xxxxx
2   xxxxxxxxx
3
4   xxxxxxxx
5   xxxxxxxx
6   xxxxxxxx
7
8   xxxxxx
9
```

決定介面或步驟再開始互動

YY 程式
```
  yyy
1   yyyyyy
2   yyyyyyyyy
3   yyyyyyyyyy
4   yyyyyy
5
6
7
8
9   yyyyy
    yyyyyyyyyyyyy
```

X 系統

有 API 的幫忙，
在 X 系統輸入的部分資料
可傳送給 Y 系統，
Y 系統也能在完成處理後，
將結果傳回 X 系統

Y 系統

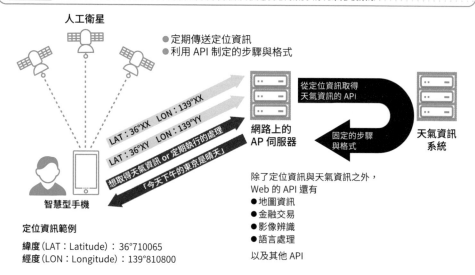

圖 1-14 **Web API 的典型範例（定位資訊與天氣資訊）**

人工衛星

● 定期傳送定位資訊
● 利用 API 制定的步驟與格式

LAT : 36°XX LON : 139°XX
LAT : 36°XY LON : 139°YY
想取得天氣資訊 or 定期執行的處理
「今天下午的東京是晴天」

智慧型手機

網路上的
AP 伺服器

從定位資訊取得
天氣資訊的 API

固定的步驟
與格式

天氣資訊
系統

除了定位資訊與天氣資訊之外，
Web 的 API 還有
● 地圖資訊
● 金融交易
● 影像辨識
● 語言處理
以及其他 API

定位資訊範例

緯度（LAT：Latitude）：36°710065
經度（LON：Longitude）：139°810800

Point

✎ API 是讓不同的系統互動的步驟或格式。

✎ 典型的 Web API 包含定位資訊、天氣資訊這類 API。

》配置網路系統的位置

與企業系統的比較

網路系統的架構通常是由安裝了網頁瀏覽器或專用應用程式的裝置,透過網路存取網頁伺服器或其他伺服器,本節要讓網路系統與其他的系統進行比較,藉此了解網路系統的位置與架構。

企業的業務系統通常是圖 1-15 所示的主從式系統,用戶端會透過區域網路存取各種系統的伺服器,若這些機器位於企業內部,則可稱為本地系統(On-Premises)。

近年來,有越來越多的企業採用雲端服務,也就是圖 1-15 右側所示的架構,主要是由雲端服務業者管理伺服器,使用者則從辦公室透過網路存取伺服器。

網路系統的管理

從上述的趨勢可以將企業使用網路系統的方式分成兩類(圖 1-16)。

- **自行管理網頁伺服器**

  在自家公司的資訊科技中心或資料中心設置伺服器,提供各事業單位或外部單位存取。如果僅限內部網路存取則稱為內部網路。

- **交由其他公司管理或租用其他公司的科技資源**

  租用網頁伺服器、電子郵件服務的 ISP(網路供應商)提供的服務,或是使用雲端服務與資料中心業者提供的主機代管服務。

目前的主流是租用其他公司的科技資源。

圖 1-15 主從式系統與雲端服務的範例

本地主從式系統的範例

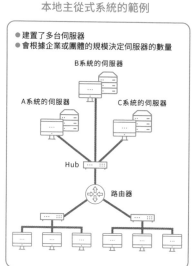

● 建置了多台伺服器
● 會根據企業或團體的規模決定伺服器的數量

B系統的伺服器

A系統的伺服器　　　C系統的伺服器

Hub

路由器

位於企業內部的稱為本地系統。
網路稱為LAN。

雲端服務的範例

A ～ C系統的伺服器
都位於雲端

雲端服務業者

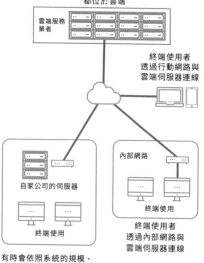

終端使用者
透過行動網路與
雲端伺服器連線

自家公司的伺服器

終端使用

有時會依照系統的規模、
自家公司的伺服器或
雲端伺服器連線

內部網路

終端使用

終端使用者
透過內部網路與
雲端伺服器連線

圖 1-16 建置網頁伺服器的方法

自行管理網頁伺服器　　　交由其他公司管理或租用其他公司的科技資源

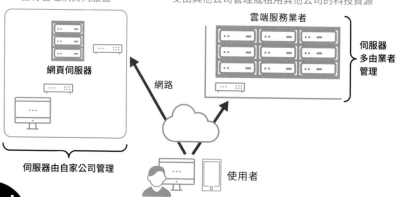

網頁伺服器

伺服器由自家公司管理

網路

雲端服務業者

伺服器
多由業者
管理

使用者

Point

✍ 網路系統的原始構造與主從式系統相同。

✍ 目前以委託 ISP 管理或使用雲端服務為主流。

》 要怎麼瀏覽外國的網站？

瀏覽外國網站的機制

透過網頁瀏覽器瀏覽網站已經是每個人的日常生活，而且除了瀏覽中文網站，有時也會視情況瀏覽英語或其他語言的網站。本節要為大家解說瀏覽外國網站的機制。

大部分的外國網站都將伺服器設置在國外，所以用戶要瀏覽這些網站時，會透過 **ISP** 提供的網路與設備連往位於 ISP 上層的網際網路交換中心，**而網際網路交換中心則透過線纜與外國的網路連線**（ 圖 1-17 ）。網際網路交換中心簡稱為「IX」，有時也被稱為網際網路接點或網際網路相互接點。

前往外國時的海關

要瀏覽外國的網站時，會透過海底電纜瀏覽。IX 很像是海關或機場，透過海底電纜與外國網路連線，而且通常是由大型通訊業者負責維護，一般的 ISP 無法直接使用海底電纜，所以使用者是以本地的 ISP →本地的 IX →外國的 IX →外國的 ISP 的流程瀏覽外國網站（ 圖 1-18 ）。

這套機制在二十年前就已經完成了。IX 通常位於上網需求較高的大都市或海底電纜附近的海岸。為了維護海底電纜的安全，通常不會公開電纜的位置。假設 IX 的系統當機，ISP 之間就無法交換資料，使用者也無法瀏覽外國的網站，可見海底電纜是非常重要的基礎建設。

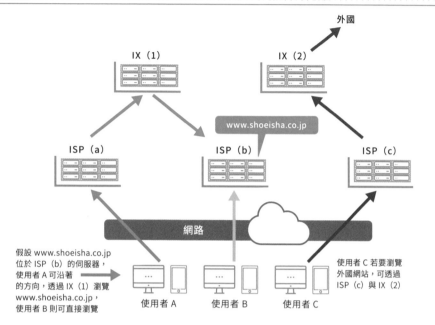

圖 1-17 網際網路交換中心（IX）扮演的角色

外國

IX（1）

IX（2）

ISP（a）

www.shoeisha.co.jp

ISP（b）

ISP（c）

網路

假設 www.shoeisha.co.jp
位於 ISP（b）的伺服器，
使用者 A 可沿著 ➡
的方向，透過 IX（1）瀏覽
www.shoeisha.co.jp，
使用者 B 則可直接瀏覽

使用者 C 若要瀏覽
外國網站，可透過
ISP（c）與 IX（2）

使用者 A　　使用者 B　　使用者 C

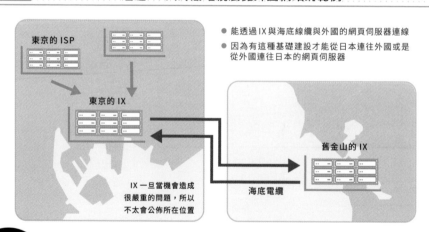

圖 1-18 透過 IX 與海底電纜瀏覽外國網站的範例

東京的 ISP

● 能透過 IX 與海底線纜與外國的網頁伺服器連線
● 因為有這種基礎建設才能從日本連往外國或是
　從外國連往日本的網頁伺服器

東京的 IX

舊金山的 IX

IX 一旦當機會造成
很嚴重的問題，所以
不太會公佈所在位置

海底電纜

Point

✍ ISP 的上層另有網際網路交換中心。

✍ 因為有網際網路交換中心才能瀏覽外國的網站。

>> 網路與 Web 的關係

網路使用率

本節將說明網路與 Web 的關係。

日本總務省發表的「通訊利用動向調查」，以數據的方式說明了網路的使用情況，每年發行的科技通訊統計資料「資訊科技白皮書」也會說明網路的使用情況。

如圖 1-19 所示，2019 年日本網路使用率（網路人口普及率與過去一年使用網路的人口比例）約有九成，而且 13 ～ 69 歲的**各年齡層使用率都超過九成**，代表日本絕大多數的國民都有使用網路的習慣。若以終端裝置分類，透過智慧型手機上網的比例最高，其次為電腦，兩者相加佔絕大多數，其餘則是平板電腦或電視遊樂器主機，比例可說是相當懸殊。

於哪些情況使用網路？

從家庭或個人的問卷調查資料可以發現，用來計算使用率的網路使用情況如下。

- 電子郵件的收發
- 搜尋資訊
- 瀏覽社群網站
- 瀏覽首頁
- 線上購物

簡單來說，大部分的人之所以上網，都是為了**收發訊息或瀏覽網頁**。雖然使用 AI 或攝影機的系統越來越普及，但目前的佔比還是不高。此外，企業專用的會計系統雖然越來越普及，卻不是每個人都會使用的系統。

圖 1-19　網路使用情況與終端裝置

網路使用者的比例已接近九成，尤其 6～12 歲與 60 歲以上的年齡層更有逐漸普及的現象。
至於終端裝置方面，智慧型手機的比例已高於電腦。

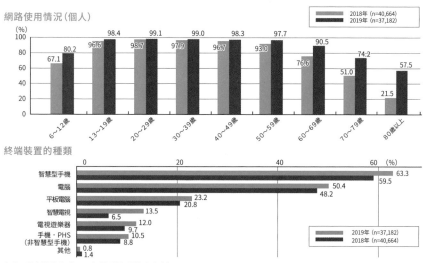

網路使用情況(個人)

	2018年 (n=40,664)
	2019年 (n=37,182)

終端裝置的種類

出處：日本總務省《2019 年版 資訊科技白皮書》
（URL：https://www.soumu.go.jp/johotsusintokei/statistics/data/200529_1.pdf）

圖 1-20　網路與 Web 的關係

日本總務省發表的網路使用情況

網路

電子郵件
、
電子郵件與
訊息的收發

➡ 不一定會使用網頁伺服器或網頁

Web
● 搜尋資訊
● 瀏覽社群網站
● 瀏覽首頁
● 線上購物

到目前為止，本書說明的 Web
(網站、網頁應用程式、網路系統) 的使用情況
➡ ● 一定會用到網頁伺服器或網頁
　　● 使用網頁瀏覽器或具有瀏覽網頁功能的應用程式

網路可視為
「電子郵件＋Web」

網路
＝
電子郵件＋Web

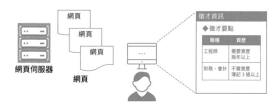

Point

🖊 根據 2019 年度的調查，日本網路使用率已達九成。

🖊 根據日本的調查，「網路 = 電子郵件 +Web」的公式，比較容易説明網路使用
現況。

小 試 身 手

網站的規模

要衡量網站的規模，可計算網站的總頁數。

假設將網站分成大、中、小三種規模，筆者認為可依照下列的總頁數分類網站。大規模的網站需要耗費不少心思經營與維護。

網站的規模與總頁數

規　模	總頁數
小規模	100頁以內
中規模	100～1,000頁以內
大規模	超過1,000頁
超大規模	超過10,000頁

雖然企業或商用的網站很常超過1萬頁，但仔細一看就會發現，很多頁面都是在十年之前做好的，根本沒有人會瀏覽。上述的總頁數是以「還有人瀏覽的頁面」為計算基準。此外，明明是同一種商品，卻因為顏色不同而於不同的頁面刊載照片，導致總頁數超過1,000頁的情況，不能與介紹不同商品的頁數超過500頁的情況相提並論。

計算總頁數的範例

要計算網站的總頁數可使用 Google 的 site: 指令。比方說，要計算 shoeisha.co.jp 的總頁數可在 Google 的搜尋方塊輸入「site:shoeisha.co.jp」，就會顯示 23,000 頁這個數字。site: 指令只會計算 Google 找到的頁面，所以與實際的總頁數可能會有誤差，但還是能一窺網站的規模，有機會的話請大家務必試用看看。

Web 的特殊機制

～不斷進化的網站後台～

» Web 技術的變遷

越來越普及的應用領域

在第 1 章說明了網際網路的基本知識之後，本章要開始講解一些與技術有關的題目，不過在進入正題之前，先為大家介紹 Web 技術在過去十年的演變。

早期的資訊系統稱為 **SoR**（System of Record：記錄系統），主要是由使用的機構或組織管理，而現在則以 **SoE**（System of Engagement：參與性系統）為主流，越來越多串連組織或個人的系統出現。

從 SoR 到 SoE 的進化，也可說是以**閱讀為主的網站演化為收集各類資訊的網頁應用程式或系統**的過程。請大家先了解資訊系統在過去有如此大規模的進化過程（圖 2-1）。

不斷改變的開發型態

這些技術背後的開發與維護除了會在本章解說，也會在第 8 章進一步說明，而這些開發與維護的技術也隨著時代一起演進。

早期是從零開始開發，後來則進化成利用範本或框架開發，最後再升級為利用既有的服務或 API 開發。從重視獨特性與專業性的機制演化為重視通用性、實用性的機制，而這也是盡可能不要寫程式的**低程式碼**或**無程式碼**的開發型態。之所以會出現這種開發型態，與終端裝置、網路快速演化的時代背景有關（圖 2-2）。

為了靈活地應用資訊，就必須更重視各種資訊的流通以及系統的串連，如此一來，才能打造各類資訊於不同的系統之中流通的循環，市場才會跟著擴大。Web 技術就像是一面照出時代樣態的鏡子。

下一節將為大家介紹更多的細節。

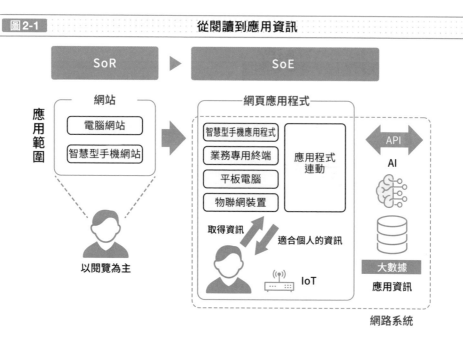

圖2-1　從閱讀到應用資訊

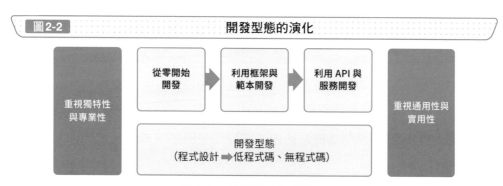

圖2-2　開發型態的演化

比方說，在開發前台的畫面時，
會使用 Angular、React、vue.js 這類框架（參考 **2-10**、**8-4**），不會從零開始製作。

Point

✎ Web 技術從以閱覽為主，演化為以應用資訊為主的潮流。

✎ 開發也不再是從零開始，而是利用框架或服務開發。

» 網頁開發流程的範例

網站的前台與後台

後台是由程式撰寫。我們平日瀏覽的網站就像是 Word 或 PowerPoint 這類方便瀏覽的文件或資料,而這些資料呈現的感覺是酷炫還是親切,全由網站的開發人員或經營者的設計決定。

這些都是使用者看到的結果,但其實網站的後台是由**具有固定格式的程式碼組成**(圖 2-3)。這點與利用各種程式設計語言開發系統的過程是相同的,唯獨開發型態已如 **2-1** 所述,漸漸朝低程式碼或無程式碼的方向演進。

那麼,網站與過去的業務系統或資訊系統到底有什麼不同呢?讓我們從開發的角度思考這個問題。

重視使用者介面的系統

當網站的規模到達一定程度之後,一定會邀請網頁設計師一起開發。近年來,大部分的網頁都以滿足使用經驗的 UX(User eXperience)設計為主流,**設計與畫面的動線也越來越被重視,網站的使用者介面也顯得越來越重要**。一般的業務系統很常為了美化操作介面而招聘專任設計師進入開發團隊(圖 2-4),而且大部分的開發流程都會在程式碼寫好之後,立刻確認外觀,再繼續後續的開發。業務系統的重點在於功能,但網頁的重點則在外觀與功能必須兼具,而且還很重視安全性,這部分也會在後面的章節介紹。

日後,設計師參與開發團隊的例子一定會越來越多,而且也會越來越重視網站的使用者介面。

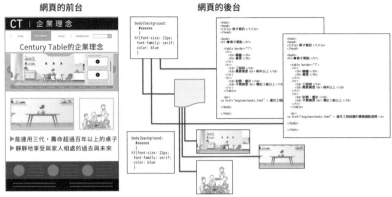

圖 2-3 網站的前台與後台

● 美麗的網頁背後是一堆程式碼、圖片與插圖！
● 大企業的網站則是由一大堆像百科全書般的程式碼與圖片組成

圖 2-4 網頁開發流程的範例

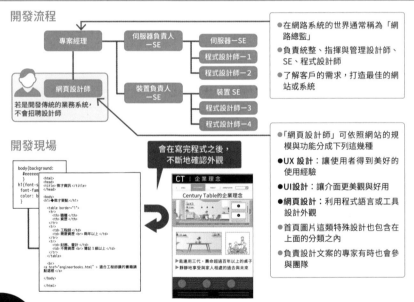

Point

✎ 網站的外觀雖然美麗，但背後卻是一堆程式碼。

✎ 網路系統越來越重視使用者的體驗與外觀，所以當規模放大至一定程度，就會邀請網頁設計師加入開發團隊。

» 網站前台的重點

標籤與超連結

1-1 提到網頁是由超文件製作，可植入連結，移動到其他的頁面。**撰寫超文件**的**語言**之一為 **HTML**（Hyper Text Markup Language），主要是以「< 標籤 >」這種符號撰寫。由於是以符號撰寫，所以又稱為標記式語言。

舉例來說，若寫成「<title> 徵才資訊 </title>」，網頁的標題就會是「徵才資訊」。圖 2-5 列出了以 table 標籤撰寫徵才資訊的範例，此範例已在圖 1-11 介紹過。

若想透過超連結瀏覽適合工程師的書籍頁面時，可利用標籤寫成「<a href="engineerbooks.html"> 適合工程師讀的書籍請點這裡 </a>」。圖 2-5 是在圖 1-11 的徵才資訊植入這個超連結。

以 HTML 撰寫的頁面可儲存為 html 或 htm 這類副檔名的檔案，再上傳至網頁伺服器，伺服器就會將這類檔案辨識為 HTML 文件。以 HTML 撰寫的程式不需要另外編譯。

重視外觀與動線的頁面

如果是了解 HTML 的人，只要看了原始 HTML 檔案就能了解網頁的編排。網頁瀏覽器可在匯入 HTML 檔案之後顯示網頁，讓使用者輕鬆地瀏覽，所以在製作頁面或檔案時，一定要特別注意網頁這類編排或動線。

圖 2-6 除了介紹剛剛提及的 a 標籤，還整理了一些常用的 HTML 標籤。

圖 2-5 植入超連結的頁面

植入超連結的HTML頁面

```
<html>
<head>
<title> 徵才資訊 </title>
</head>

<body>
<h1>◆ 徵才要點 </h1>

    <table border="1">
     <tr>
      <th> 職種 </th>
      <th> 資歷 </th>
     </tr>
     <tr>
      <td> 工程師 </td>
      <td> 需要資歷 <br> 兩年以上 </td>
     </tr>
     <tr>
      <td> 財務、會計 </td>
      <td> 不需資歷 <br> 簿記 3 級以上 </td>
     </tr>
    </table>

    <br>
<a href="engineerbooks.html"> 適合工程師讀的書籍請點這裡 </a>

</body>

</html>
```

網頁的編排方式

簡稱：href
hypertext
reference的簡寫

超連結

這裡介紹的是以 table 標籤撰寫的範例，但近年來，越來越多人以 **2-4** 介紹的 CSS Framework 的 GRID 或 table 撰寫。

圖 2-6 常用的 HTML 標籤

標　籤	範例	意義與使用方法
a	<a href="想瀏覽的網頁">想顯示的文字</a>	超連結
br	 	換行或空一行
h	<h2>頁面標題</h2>	調整為其他的標題
header	<header>css（下節解說）的敘述</header>	標題、標誌、作者這類開頭資訊
hr	<hr>、<hr color="顏色名稱" width="50%">	畫線
img	<img src="圖檔名稱" width="寬度" height="高度">	插入圖片
meta	<meta>頁面說明或其他資訊</meta>	頁面說明
p	<p>文章</p>	段落、文字區塊的普
section	<section><h2>～</h2><p>~</p></section>	代表頁面的章節
table	<table> <tr><th>標題1</th><th>標題2</th></tr> <tr><td>資料1</td><td>資料2</td></tr> </table>	在表格放入文字或圖片
title	<title>頁面標題</title>	顯示頁面標題

● 有些標籤需要以「/」的標籤結尾，有些可單獨使用。

● 比起頁面的編排功能，title、meta、h、heaer、section 的重點在於說明文章的結構
　或是在搜尋引擎顯示的內容，是非常重要的標籤。

Point

✐ 撰寫超文件的語言之一為 HTML。

✐ 在 HTML 檔案植入超連結，就能移動到其他網頁。

≫ 網站前台的另一個重點

讓網頁變得更漂亮

CSS（Cascading Style Sheets）稱為階層式樣式表，如果是對製作網站或網頁有興趣的讀者，想必都聽過 CSS。**CSS 常用於設計頁面的外觀與統整頁面的風格。**圖 2-7 的左側是追求極簡打扮的人，右側則是視場合選擇服裝與飾品的人，大部分的人想必都比較偏好右側的打扮吧！

如果網頁只有幾張，每個 HTML 檔案採用不同的頁面裝飾也不會有太大的問題，但 CSS 適用在網站頁面較多、想簡化 HTML 程式碼，或是想讓頁面的設計更精緻的情況。自 2016 年 HTML 5 問世之後，文字的樣式以 CSS 指定的情況變成常態。基本上，會同時製作 HTML 檔案與 CSS 檔案，若要調整網頁的編排，只需要修正 CSS 檔案的內容。

使用 CSS 的注意事項

如圖 2-8 所示，**使用 CSS 的重點在於在 HTML 之中撰寫參照 CSS 檔案的標籤，讓每個 HTML 檔案與 CSS 檔案建立關聯。**此外，CSS 與 HTML 的不同之處在於會使用「{}」（大括號）、「:」（冒號）、「;」（分號）、「,」（逗號）這類常於各種程式語言使用的符號。CSS 可用來設定網頁的編排、文字的樣式、背景色，還能滿足許多需求，後面也會提到，網頁設計還會使用許多框架。

大企業的網站雖然有很多頁面，但頁面設計通常很精緻，風格也很統一，這些都是因為使用了 CSS。

圖 2-7　外觀會改變印象

追求極簡風格的人　　　　　　視場合選擇服裝或飾品的人

以工作場合而言，右側的打扮比較理想，所以外觀很重要！

未精心設計的頁面　　　　　　　精心設計的頁面

- ●就像你會比較喜歡右側的打扮，網頁的外觀也很重要！
- ●開發時，會先設計視覺效果與畫面的動作，再開始撰寫 CSS。

圖 2-8　CSS 檔案的製作流程與範例

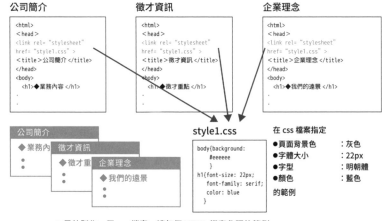

公司簡介
```
<html>
<head>
<link rel= "stylesheet"
href= "style1.css" >
<title>公司簡介 </title>
</head>
<body>
   <h1>◆業務內容 </h1>
.
.
```

徵才資訊
```
<html>
<head>
<link rel= "stylesheet"
href= "style1.css" >
<title>徵才資訊 </title>
</head>
<body>
   <h1>◆徵才重點 </h1>
.
.
```

企業理念
```
<html>
<head>
<link rel= "stylesheet"
href= "style1.css" >
<title>企業理念 </title>
</head>
<body>
   <h1>◆我們的遠景 </h1>
.
.
```

style1.css
```
body{background:
    #eeeeee
    }
h1{font-size: 22px;
   font-family: serif;
   color: blue
   }
```

在 css 檔案指定
- ●頁面背景色　：灰色
- ●字體大小　　：22px
- ●字型　　　　：明朝體
- ●顏色　　　　：藍色
的範例

- ● 另外製作一個 css 檔案，讓每個 HTML 檔案參照的範例
- ● 也可以在每個 HTML 檔案定義樣式，但頁面較多時，通常會採用這種方法
- ● 除了採用上述的方式撰寫 CSS，也可以利用 Bootstrap 這類框架或 Sass（參考 **6-2**）快速撰寫 CSS

Point

✎許多網站都使用 CSS 設定外觀與營造一致性。

✎CSS 的語法比 HTML 困難，也要注意雙方是否建立了關聯性。

» 不會變化的頁面與不斷變化的頁面

靜態頁面與動態頁面

以 HTML 撰寫的網頁都是以固定格式的語法撰寫再於螢幕顯示，雖然會為了讓網頁漂亮一點而使用 CSS，但終究是**沒有任何互動，只是顯示內容的頁面**，這類頁面又稱為靜態頁面。

此外，還有與靜態頁面不同的動態頁面。動態頁面**會依照使用者輸入的內容或使用情況動態調整輸出的內容。**簡單來說，整個流程就如圖 2-9 所示，當網頁瀏覽器將資料傳遞給伺服器，伺服器就會在完成處理之後，輸出對應的結果。

動態網頁範例

下列是具代表性的動態網頁範例（圖 2-10）。

- **搜尋引擎**

  使用者在瀏覽器輸入關鍵字，伺服器再顯示與關鍵字相關的網頁。

- **佈告欄、社群網站**

  使用者留言後，留言區的留言就會增加。

- **問卷調查**

  使用者回答問卷後，會立刻顯示回答的內容、禮物或是調查結果。

- **線上商店**

  當使用者在商品頁面消費，下一位使用者就會看到庫存減少或是沒有庫存的結果。

由上面這些例子可以得知，動態頁面已是網頁的主流。

圖2-9 靜態網頁與動態網頁的範例

公司簡介、企業理念這些頁面都是典型的
靜態頁面 ➡ 誰瀏覽都是一樣的內容

動態頁面的內容會隨著使用者輸入的內容與使用方式即時調整
➡ 內容會隨著每個人的瀏覽方式而改變

使用者A

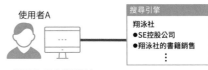

- 使用者A輸入「翔泳社」
  會列出與翔泳社有關的頁面
- 其他的使用者輸入其他的關鍵字
  顯示其他的結果

使用者B

- 自動上傳使用者B的經緯度資訊，提供還有停車位的
  停車場資訊
- 位於其他地點的使用者會收到不同的資訊

圖2-10 動態頁面範例

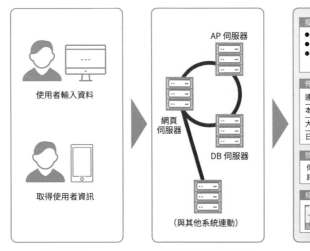

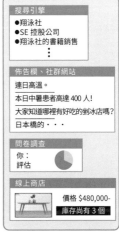

輸入資料　　　　伺服器執行相關處理　　　　輸出（顯示）結果

Point

🖉 內容不會有任何改變的頁面稱為靜態頁面。

🖉 內容會隨著使用者輸入的資料，或使用方式改變的頁面稱為動態頁面，是目前網
站的主流。

» 網站的後台① HTTP 要求

HTTP 協定的概要

我們常於網頁瀏覽器輸入的「http」其實是通訊協定的一種，也是 TCP/IP 協定之一。在此先為大家說明 HTTP 協定的概要。

以打電話為例說明，我們通常要輸入電話號碼，但在 **HTTP 就是利用獨一無二的 URL 指定通話的對象。**此外，電話打通之後，直到掛電話為止，雙方都會不斷地傳輸資料，但 HTTP 則是每傳輸一次資料就中止連線的無狀態（Stateless）（圖 2-11）。

網頁瀏覽器發出的要求

1-3 已經提過利用 HTTP 瀏覽網頁時，會向網頁索取資料以及取得回應，進一步說明，就是 HTTP 訊息包含 **HTTP 要求**與回應，由於這是一對一的關係，所以才能維持無狀態這個特性。

其實 HTTP 要求有很多種，最具代表性的有 **GET 與 POST**，而這兩種又稱為 **HTTP 方法**（圖 2-12）。究竟從網頁瀏覽器向網頁伺服器發出哪些要求，可從「方法」的種類得知。底下的總結可幫助大家複習。

HTTP 協定 > HTTP 訊息 >
　　　　HTTP 要求 > GET 或 POST 這類 HTTP 方法

POST 方法從 20 ～ 25 年前就帶著網站進化，所以早期的網路相關書籍一定會有上述的內容。

圖 2-11 HTTP 協定的特徵

指定對方的電話號碼 03-3XXX-XXXX

電話　　在掛電話之前，都會不斷地交換資料　　03-3XXX-XXXX

指定對方的URL www.shoeisha.co.jp

www.shoeisha.co.jp

HTTP　　每交換一次就斷線（無狀態），然後再繼續下次的資料交換

圖 2-12 HTTP 要求的方法～ GET 與 POST 的例子～

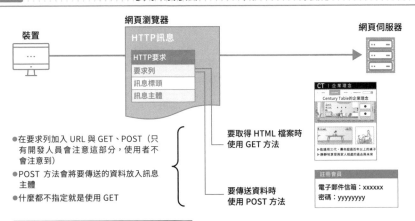

裝置　　網頁瀏覽器　　網頁伺服器

HTTP訊息

HTTP要求
要求列
訊息標頭
訊息主體

- 在要求列加入 URL 與 GET、POST（只有開發人員會注意這部分，使用者不會注意到）
- POST 方法會將要傳送的資料放入訊息主體
- 什麼都不指定就是使用 GET

要取得 HTML 檔案時使用 GET 方法

要傳送資料時使用 POST 方法

CT｜企業理念
Century Table的企業理念

▶能適用三代，書桌超過百年以上的桌子
▶靜靜地享受與家人相處的過去與未來

註冊會員
電子郵件信箱：xxxxxx
密碼：yyyyyyyy

HTTP 方法的範例	概　要
GET	取得 HTML 檔案或圖片這類資料
HEAD	取得日期、資料大小這類標頭資訊
POST	會於傳送資料使用
PUT	會於傳送檔案時使用
CONNECT	透過其他伺服器通訊

訊息標題包含下列的資訊
- 網頁瀏覽器的資訊（User-Agent）
- 訊息從哪個頁面而來（Referer）
- 有無更新（Modefied/None）
- Cookie（於 **2-13** 解說）
- 接收的要求（Accept）

Point

✎HTTP 是通訊協定的一種，是透過獨一無二的 URL 與對方交換資料。

✎HTTP 的要求包含 GET 或 POST 這類方法。

>> 網站的後台②
HTTP 回應

要求相對的回應

當網頁瀏覽器發出 HTTP 要求，網頁伺服器就會回應，而這種回應就稱為 **HTTP回應**。

HTTP 回應與 HTTP 要求算是對照組，是由回應列、訊息標頭與訊息主體組成（圖 2-13）。

回應列的內容包含**發出要求的網頁伺服器的資訊與說明要求處理方式的**狀態碼。

狀態碼的概要

如圖 2-13 所示，若顯示了「200」這個狀態碼就沒問題。

因為狀態碼 200 代表網頁伺服器順利處理了接收到的要求，網頁瀏覽器會在此時正常顯示網頁，使用者看不到狀態碼 200。

就算不是開發人員也可以試著了解狀態碼，就能推測「為什麼無法存取這個頁面」的原因。

如圖 2-14 所示，可見狀態碼有 100 到 500 這麼多種。

我們最常看到的狀態碼就是代表發生錯誤的 404。狀態碼 404 代表未能正確處理要求，通常會出現在輸入錯誤的 URL，或是連結位置改變這類找不到頁面的情況。

大家如果看到 400 這個區段的狀態碼，代表瀏覽端或 URL 有問題，如果看到500 這個區段的狀態碼，代表伺服器出了問題。

下一節將利用開發人員工具確認訊息的內容與方法。

圖2-13 HTTP 回應的概要

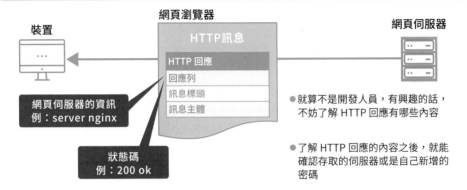

- 就算不是開發人員，有興趣的話，不妨了解 HTTP 回應有哪些內容
- 了解 HTTP 回應的內容之後，就能確認存取的伺服器或是自己新增的密碼

圖2-14 主要的狀態碼

- 狀態碼可利用開發人員工具確認
- 通常網頁瀏覽器只會顯示 Not Found 的 404 或 Forbidden 的 403，偶爾會看到 50x 或 30x 這類狀態碼

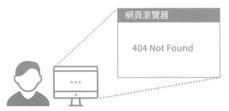

- 我們當然不想看到 404 這個狀態碼，不過它代表輸入的 URL 有問題或是連結的位置改變了
- 403 為認證失敗的狀態碼

狀態碼	概　要
100	代表有追加的資訊
200	代表伺服器正確處理要求
301、302與其他同區段的狀態碼	代表連結的位置改變或連往其他位置的要求
403、404與其他同區段的狀態碼	● 找不到連結，無法處理要求的意思 ● 400有時代表要求有問題
500、503與其他同區段的狀態碼	代表伺服器無法處理要求 （例如伺服器的程式有問題或是負擔過重）

Point

✎ 可從 HTTP 回應的內容了解網頁伺服器的資訊，與是否正常處理了要求。

✎ 可從狀態碼了解網頁瀏覽器顯示錯誤的理由。

》 確認 HTTP 訊息

以 Google Chrome 為例

接著讓我們根據 **2-6**、**2-7** 的內容,一起使用網頁瀏覽器的開發人員工具確認 HTTP 的要求與回應。這次要使用的是 Google Chrome 的畫面。

首先讓我們確認在瀏覽翔泳社的網站首頁時,網頁瀏覽器到底發出了哪些要求。

如圖 2-15 所示,在輸入 URL 或點選連結之後,只瀏覽了網頁,所以使用的方法是 GET,而 Status Code 的 200 OK 也代表伺服器正確處理了網頁瀏覽器發出的要求 = 可以正確瀏覽。將畫面往下捲動便可看到回應的內容,也能掌握網頁伺服器的概況。

回應時間的重要性

接著讓我們看看圖 2-16 的 POST。點選 SEshop.com 首頁右下角的按鈕可進入會員註冊頁面。

可以看到這裡的 Request Method 為 POST。往下捲動之後,可確認利用 POST 這個方法傳送的資料。

就算不是使用 Chrome 的開發人員工具,也能看到大致相同的項目,其中有不少是非開發人員也應該知道的項目,還能用來確認後續介紹的響應式網頁設計與斷點。

從網站維護人員或經營者的角度來看,最重視的項目之一就是於上方顯示的回應時間。圖 2-15 的首頁有許多圖片,所以需要較多的時間回應。就像當我們在瀏覽圖片較多的頁面時,會覺得網頁很慢才顯示,顯示所有的元素的確需要比較多的時間。

圖 2-15　瀏覽網頁的範例（GET 方法）

利用開發人員工具
確認要求與回應的內容

以 Windows 的 Chrome 為例，點選右上角的
「 ： 」再選擇
●更多工具
●開發人員工具

點選 Network 頁籤，選擇
●SEshop，如果已經開啟這個頁面，可重新整理
　頁面
●從 Name 選擇「www.seshop.com」
●Headers 標籤

可看到下列的訊息
Request Method：GET
Status Code：200 OK

也可以看到 Server 是
nginx

Request URL: https://www.seshop.com/
Request Method: GET
Status Code: ● 200 OK

Server: nginx

圖 2-16　會員註冊頁面（POST 方法）

利用開發人員工具確認在會員註冊頁面輸入資料的情況

●電子郵件信箱
　（不正確的內容）
●輸入密碼

可看到下列的訊息
Request Method：POST
Status Code：200 OK

雖然輸入的資料不正確，但要求與回應
都被正確地處理，所以顯示 OK

利用開發人員工具確認輸入與輸出的資料

假設回應的時間很慢，有可能是因為
畫面太慢顯示，或是伺服器與網路出
了問題，而開發人員都必須具備找出
這類問題的能力

可從 Form Data
確認資料的內容

Date: Mon, 19 Oct 2020 11:52:59 GMT
expires: -1
pragma: no-cache
Server: nginx

Point

✎要記得網頁瀏覽器還有開發人員工具可以使用。

✎不妨多了解開發人員工具的使用方法。

≫ 啟動程式

動態頁面的觸發器

到目前為止已經提過當網頁瀏覽器發出要求後,伺服器會根據該要求發出回應。若是**動態頁面,就等於是輸入資料→執行處理→輸出與顯示結果的流程。**這個流程的閘門或是觸發器就稱為 **CGI**(Common Gateway Interface)。

假設使用者輸入了需要處理的資料,網頁瀏覽器也將這些資料傳至網頁伺服器,這時候網頁伺服器就會啟動 CGI 程式。開發人員通常會在 HTML 檔案植入要啟動的 CGI 的檔案名稱,之後 CGI 程式便如圖 2-17 所示執行處理與輸出結果。

圖 2-17 說明的是 **2-6** 的 HTTP 要求的 POST 方法。

CGI 的使用方法

CGI 是在以靜態頁面為主流的時代為了建立動態頁面而生的機制,而且也如圖 2-18 的環境變數一樣,制定了許多細膩的規格,網頁伺服器基本上都支援 CGI 的規格。

儘管如此,CGI 還是得在每次接收到資料的時候啟動程式以及開啟與關閉檔案,所以**不太適合在同時需要面對大量使用者的網站使用。**

CGI 是伺服器端收到要求後執行程式,再動態傳回結果的典型範例之一,但現在除了 CGI 之外,還有許多程式語言或方法可以實現相同的結果,最為有名的就屬 Ruby 或 Python 這類程式語言。

圖 2-17　CGI 扮演的角色

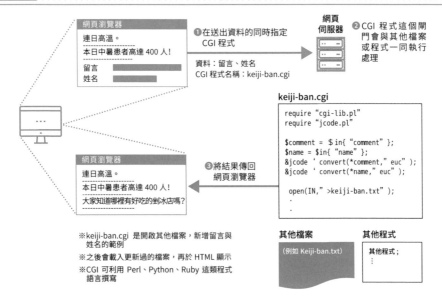

網頁瀏覽器

連日高溫。

本日中暑患者高達 400 人!

留言
姓名

❶在送出資料的同時指定
　CGI 程式

資料:留言、姓名
CGI 程式名稱:keiji-ban.cgi

網頁伺服器

❷CGI 程式這個閘門會與其他檔案或程式一同執行處理

keiji-ban.cgi

```
require "cgi-lib.pl"
require "jcode.pl"

$comment = $in{ "comment" };
$name = $in{ "name" };
&jcode ' convert(*comment," euc );
&jcode ' convert(*name," euc );

 open(IN," >keiji-ban.txt" );
 .
 .
```

網頁瀏覽器

連日高溫。

本日中暑患者高達 400 人!

大家知道哪裡有好吃的剉冰店嗎?

❸將結果傳回
　網頁瀏覽器

※keiji-ban.cgi 是開啟其他檔案,新增留言與
　姓名的範例
※之後會載入更新過的檔案,再於 HTML 顯示
※CGI 可利用 Perl、Python、Ruby 這類程式
　語言撰寫

其他檔案

(例如 Keiji-ban.txt)

其他程式

其他程式;
⋮

圖 2-18　CGI 的環境變數

- CGI 是由美國研究機關 NCSA（National Center for Supercomputing Applications）定義,所以規格比想像中的細膩。
- 只要觀察環境變數就會發現定義了許多規格。
- 當網頁瀏覽器呼叫 CGI 程式,就會將許多資訊代入環境變數。
- 可利用 $ENV{' 環境變數名稱 '} 取得必要的資訊。

環境變數範例	概　　要
REMOTE_HOST	與網頁瀏覽器使用者連線的伺服器
HTTP_REFERER	呼叫 CGI 程式的頁面的 URL
HTTP_USER_AGENT	呼叫 CGI 程式的網頁瀏覽器的資訊
QUERY_STRING	用 GET 方法傳送資料時的資料
REMOTE_HOST	與網頁瀏覽器使用者連線的伺服器
REQUEST_METHOD	POST 或 GET
SERVER_NAME	執行 CGI 程式的網頁伺服器主機名稱或 IP 位址
SERVER_PROTOCOL	HTTP 的版本

Point

✎制式化的動態頁面常使用 CGI。

✎需要同時處理大量使用者的網路系統會採用其他機制。

》將用戶端與伺服器一分為二的思維

開發網頁的傳統技術

如 **2-9** 的 CGI，要讓網頁**執行動態處理**通常會使用腳本語言開發網路系統，而不是使用 HTML 這種標記語言。這時候使用的腳本語言包含在用戶端執行腳本語言的技術，與在伺服器端執行的技術。

接下來說明的網路系統技術都不會在網頁瀏覽器或不使用網路的業務系統使用。這是透過網頁瀏覽器與網路的網頁伺服器或其他伺服器連線或使用 API 的技術。

用戶端的腳本語言包含 JavaScript 或 TypeScript 這類語言，通常會在動態處理較為複雜的頁面使用。

至於伺服器端的腳本語言則包含 CGI、SSI、PHP、JPS、ASP.NET，越後面的語言難度越高，但功能也越強大，例如 JSP 或 ASP.NET 會在相對規模較大的網路系統使用。在此為大家將各項技術的特徵整理成圖 2-19。除了上述這些之外，當然還有很多語言，但以上是近年來較具代表性的使用語言。

可在網頁瀏覽器執行處理

圖 2-20 根據圖 2-19 整理了各項技術的定位，可以發現左側是與使用者介面相近的 HTML 或 CSS，也可透過 Node.js 在伺服器端使用 JavaScript。

技術的種類雖多，**但不同的系統規模與功能的複雜度，適用不同的 Web 技術。**

圖 2-19　網頁專屬技術的概要

	網頁專屬技術	特　徵	開發單位
用戶端	JavaScript	● 於用戶端使用的經典技術 ● 語法與 HTML 或 CGI 相近，所以很容易閱讀	Netscape
	TypeScript	● 與 JavaScript 相容，所以也於大型 APP 使用 ● 建議想開始學習腳本語言的人使用	Microsoft
伺服器端	CGI (Common Gateway Interface)	目前已是動態頁面的基本框架	NCSA
	SSI(Server Side Include	● 將命令嵌入 HTML，就能製作陽春版的動態頁面 ● 早期用於計算瀏覽次數與顯示日期， 　目前已不再使用	NCSA
	PHP	與 HTML 檔案相容，常用於開發購物網站	The PHP Group
	JSP(Java Server Pages)	● 如果是 Java 平台就會使用這種技術 ● 若要開發大規模網頁就會使用 JSP 或 ASP	Sun
	ASP.NET (Active Server Pages.NET)	可全面應用微軟技術的網路系統框架	Microsoft

● 有適用各領域的開發框架
● JavaScript 的範例：JQuery、vue.js、React、Angular　※Angular 是由 Google 開發的框架
● CGI 的例子：Catalyst（Perl）
● JSP 的例子：Struts、SeeSea（都是 Java）
● 其他：Django（Python）或 Ruby on Rails（Ruby）
※( ) 括號內的是程式設計語言

圖 2-20　網頁專屬技術的定位

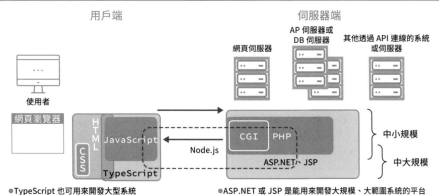

●TypeScript 也可用來開發大型系統
●用戶端的技術必須透過網頁瀏覽器使用
●Node.js 是於伺服器建立 JavaScript 執行環境的平台，
　讓 JavaScript 或 TypeScript 得以在伺服器端執行

●ASP.NET 或 JSP 是能用來開發大規模、大範圍系統的平台

Point

✍制式的動態處理幾乎都使用相同的技術開發。

✍不同的系統規模與功能會使用不同的技術開發。

» 用戶端的腳本語言

可在網頁瀏覽器執行處理

如圖 2-17 所示，CGI 與其他伺服器端的腳本語言都是在伺服器端執行，但是若想知道用戶端能利用腳本語言執行什麼處理，請參考圖 2-21 的 **JavaScript** 範例。**使用者輸入電子郵件信箱或密碼時，都是於網頁瀏覽器進行基本的確認。**

簡而言之，就是在網頁瀏覽器完成處理。雖然只是檢查輸入的內容有無空格，或是有沒有具備必要的字元，但基本上都是利用 JavaScript 處理。

其實只要與圖 2-17 的 CGI 比較，就能知道哪些是能於網頁瀏覽器進行的處理。

JavaScript、TypeScript、ASP.NET 的原型

JavaScript 是從 1990 年代沿用至今的腳本語言。

反觀 **TypeScript** 是微軟於 2010 年代前期發表的程式語言。這種相對較新的程式語言除了與 JavaScript 相容，還具有更強的功能與規格，還得到業界龍頭 Google 的推薦，**想必今後會有越來越多人使用**。

ASP.NET 是微軟自豪的網路系統開發平台，但原型其實是於 1990 年代後期誕生的 ASP（Active Server Pages）。圖 2-22 說明了當時的情況。較為古老的網頁應用程式有時會出現這些軟體的名稱，所以請大家參考一下圖 2-22 的內容。

圖 2-21 ·· **JavaScript 的範例**

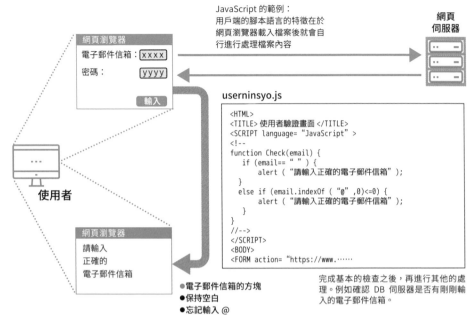

JavaScript 的範例：
用戶端的腳本語言的特徵在於
網頁瀏覽器載入檔案後就會自
行進行處理檔案內容

網頁
伺服器

網頁瀏覽器
電子郵件信箱：xxxx
密碼：yyyy
輸入

使用者

網頁瀏覽器
請輸入
正確的
電子郵件信箱

userninsyo.js

```
<HTML>
<TITLE> 使用者驗證畫面 </TITLE>
<SCRIPT language= "JavaScript" >
<!--
function Check(email) {
    if (email== " " ) {
        alert ( "請輸入正確的電子郵件信箱" );
    }
    else if (email.indexOf ( "@",0)<=0) {
        alert ( "請輸入正確的電子郵件信箱" );
    }
}
//-->
</SCRIPT>
<BODY>
<FORM action= "https://www.……
```

完成基本的檢查之後，再進行其他的處
理。例如確認 DB 伺服器是否有剛剛輸
入的電子郵件信箱。

● 電子郵件信箱的方塊
● 保持空白
● 忘記輸入 @

這些檢查輸入內容的處理，都會利用網頁瀏覽器載入的 JavaScript 檔案執行

● 8-5 也會提到，JavaScript 常用於製作動態畫面與通訊處理

圖 2-22 ·· **1990 年代後半的微軟 ASP 概要**

網頁瀏覽器
動態
要求
回應

使用者

網頁伺服器
● WindowsNT4.0
● IIS：Internet Information Server
● ASP：Active Server Pages

重點在於能否與 DB 快速連線

DB 伺服器
SQL Server、Oracle、
Access

● 在 HTML 撰寫於伺服器執行的腳本語言，ASP 就會在網頁瀏覽器
對 HTML 頁面發出要求時，執行腳本語言與產生動態頁面。

● 由於能快速與資料庫連線，所以當時只要會用到資料庫，通常就
會使用 ASP 開發系統。

● 當時的微軟網頁伺服器為 Internet Information Server（IIS）。

● ASP 常以 VBScript 或 JavaScript 撰寫。

Point

🖉 使用 JavaScript 之後，就能在網頁瀏覽器完成許多處理。

🖉 TypeScript 今後將越來越普及。

≫ 伺服器端的腳本語言

PHP 與 CMS 的關係

PHP 可說是在眾多伺服器技術之中，最重要的技術之一，理由在於 **CMS**（Content Management System：內容管理系統）這類**網站套裝軟體很常使用這項技術**（圖 2-23）。

較為知名的 CMS 是為 WordPress 或是為了電子商務設計的 EC-CUBE，而這些系統的基礎架構都是由 HTML 與 PHP 建置，讓使用者不需具備專業程式設計知識也能快速建置漂亮的網站或部落格。就目前而言，有超過大半的中大企業都透過 CMS 提供商品或服務，**而這些 CMS 的後台幾乎都是由大量的 PHP 檔案建置**，因此，與其從零開始學習利用 PHP 建置網站的方法，還不如學習如何修改（自訂）優秀的套裝軟體。

PHP 的應用範例

PHP 除了可在伺服器端執行，也能在嵌入 HTML 之後執行，所以也能把程式碼寫得簡單一點。此外，完成圖 2-21 這類基本的資料檢查之後，PHP 也會如圖 2-24 所示，與資料庫連線再傳回結果。

前面提到，利用 PHP 自訂優秀的套裝軟體是比較有效率的學習方法，不過在圖 2-24 之中，先接收了前一個檔案，再由 user_touroku_arinashi.php 這個 PHP 檔案搜尋資料庫。由此可知，了解 PHP 在這些處理之中扮演什麼角色，以及操作了哪些變數是非常重要的一環，尤其想自訂傳回的結果或顯示變數的內容時，通常會在 CMS 使用 PHP，還請大家務必記住這點。

| 圖 2-23 | CMS 的概要 |

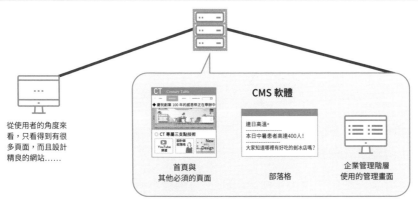

- CMS 包含基本的網頁、部落格與管理機能。
- 功能全面的 WordPress 或適合電子商務使用的 EC-CUBE 較為知名之外，WordPrss 更是佔據了八成以上的 CMS 市場。
- 適合個人或小型網站使用的有 wix。
- 只要有內容與網頁伺服器，就能在短期間內利用 CMS 設置網站。
- 大部分的 CMS 都由 PHP 檔案組成。

| 圖 2-24 | PHP 的應用範例 |

網頁伺服器

user_touroku.js

```
<HTML>
<TITLE> 使用者驗證畫面 </TITLE>
<SCRIPT language= "JavaScript" >
<!--
function Check(email) {
    if (email== " " ) {
        alert ( "請輸入正確的電子郵件信箱" );
    }
    else if (email.indexOf ( "@" ,0)<=0) {
        alert ( "請輸入正確的電子郵件信箱" );
    }
}
//-->
</SCRIPT>
<BODY>
<FORM action= "https://www.……
    :
```

email
（電子郵件信箱）
PW
（密碼）

user_touroku_arinashi.php

```
<HTML>
<TITLE> 確認使用者是否已經註冊的畫面 </TITLE>
<BODY>
.
<?php
.
$kakunin_email= "email" ;
$kakunin_pw= "pw" ;
mysql> select * from member where member_email= 'kakunin_email' ;
.
?>
.
.
</BODY>
```

PHP 也能嵌在
HTML 的語法裡

確認 email 資料是否存在於
資料庫的 member 表單

資料庫的 member 表單

member_email	member_pw

Point

✎ PHP 是很普及的伺服器技術。

✎ 在 CMS 的各種組成檔案之中，PHP 佔有相當大的比重。

» 支援重新連線的機制

其實是很方便的機制，但是…

之前在 **2-6** 提到，HTTP 是每傳輸一次資料就中止連線的無狀態（Stateless），但其實也**內建了方便重新連線的功能**。

這項功能就是所謂的 **Cookie** 機制。正式的名稱為 HTTP Cookie，網頁伺服器通常會在對網頁瀏覽器傳送 HTTP 回應時，連同 Cookie 一併傳送。

網頁瀏覽器重新瀏覽送來 Cookie 的網頁伺服器之後，網頁伺服器會先讀取該 Cookie，然後判斷「這是剛剛才連線的網頁瀏覽器」、「這是之前連線過的網頁瀏覽器」，或是「這是來自那個網站的網頁瀏覽器」，再以有別於第一次連線的網頁瀏覽器進行處理（圖 2-25）。

使用 Cookie 時，網頁瀏覽器必須設定使用 Cookie 的權限，這是因為 Cookie 雖然能讓我們更快地完成在購物網站或其他網站上的處理，卻也有可能因此一直接收廣告，或是被不懷好意的第三方盜取資料，所以才需要設定權限。

利用網頁瀏覽器確認

假設 Cookie 沒有設定使用權限，只要關掉網頁瀏覽器，Cookie 就會被刪除，反之，若設定了使用權限就能保留一段時間。Cookie 會在存取網站、行銷商品、服務以及其他的情況下使用，但網頁伺服器端必須建置安全性策略以及保護個人資訊的方案。如圖 2-26 所示，**網頁瀏覽器可快速確認 Cookie 的內容**。由於也能利用開發人員工具確認，所以請大家試著利用自己的網頁瀏覽器確認內容看看。大家可從圖 2-26 一窺 Cookie 這種機制的便利性與危險性。

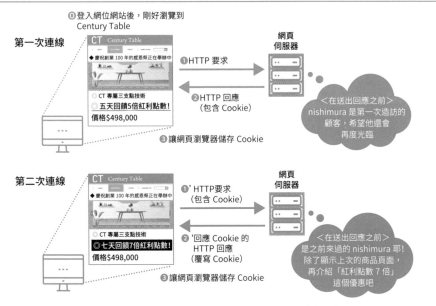

圖 2-25 購物網站的店家範例

⓪登入網位網站後，剛好瀏覽到 Century Table

第一次連線

❶HTTP 要求

❷HTTP 回應（包含 Cookie）

網頁伺服器

❸讓網頁瀏覽器儲存 Cookie

＜在送出回應之前＞
nishimura 是第一次造訪的顧客，希望他還會再度光臨

第二次連線

❶'HTTP要求（包含 Cookie）

❷'回應 Cookie 的 HTTP 回應（覆寫 Cookie）

網頁伺服器

❸讓網頁瀏覽器儲存 Cookie

＜在送出回應之前＞
是之前來過的 nishimura 耶！除了顯示上次的商品頁面，再介紹「紅利點數 7 倍」這個優惠吧

※從使用者的角度來看，適時地刪除 Cookie 比較理想

圖 2-26 確認 Cookie 內容的範例

在網頁瀏覽器確認Cookie的內容

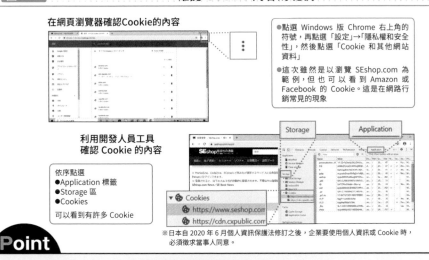

●點選 Windows 版 Chrome 右上角的符號，再點選「設定」→「隱私權和安全性」，然後點選「Cookie 和其他網站資料」

●這次雖然是以瀏覽 SEshop.com 為範例，但也可以看到 Amazon 或 Facebook 的 Cookie。這是在網路行銷常見的現象

利用開發人員工具確認 Cookie 的內容

依序點選
●Application 標籤
●Storage 區
●Cookies
可以看到有許多 Cookie

▼ Cookies
🌐 https://www.seshop.com
🌐 https://cdn.cxpublic.com

※日本自 2020 年 6 月個人資訊保護法修訂之後，企業要使用個人資訊或 Cookie 時，必須徵求當事人同意。

Point

📝網頁瀏覽器內建了重新與網頁伺服器快速連線的功能。

📝Cookie 可利用網頁瀏覽器確認內容，建議大家有空多了解。

» 管理連續處理的開始到結束

伺服器端管理連續流程的機制

剛剛的 **2-13** 說明了 Cookie 這項機制，而 Cookie 的確能讓每次都需要重新連線的 HTTP 快速連線，但是伺服器或網頁應用程式端則是利用「**Session**」管理這一切。

簡單來說，Session 就是從處理的開始到結束的階段。從網路系統開發的觀點來看，Session 就是為了讓多個網頁或應用程式互動，而將相關資訊存在伺服器，方便伺服器與網頁瀏覽器互動的機制。

其實 Cookie 也有代表一連串處理的 Session ID，而且這個 **Session ID** 還是獨一無二的，因此網頁瀏覽器與伺服器能夠順利互動（圖 2-27）。從使用者的角度來看，Session 也是平常就在使用的機制，也因為有這項機制，購物車裡面的商品才不會在同時瀏覽購物網站與其他網站的時候不見。

代表 Session 的獨一無二 ID

由於 Session 是於伺服器端管理，所以當網頁瀏覽器與該伺服器連線，伺服器端會宣佈 Seesion 開始。Session ID 雖然可透過 Cookie 存取，但通常是**一長串不具任何意義的英文字母與數字**，這個 Session ID 不小心被其他使用者存取時才不會發生任何問題。Session 與使用者的購物狀況會於伺服器端建立關聯性。

Session 管理功能目前已是網路系統非常基本與重要的功能，主要會將水平排列的每個 Session 以垂直串連的方式管理。此外，Session 管理功能也有許多制式處理，所以通常會利用框架開發這項功能。

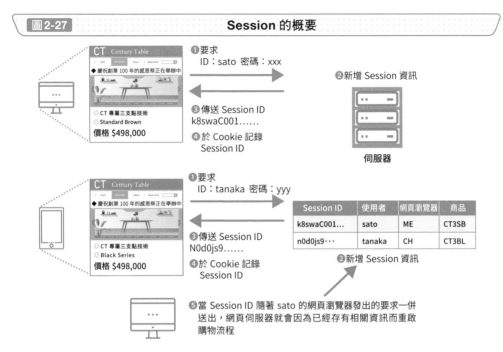

圖 2-27 Session 的概要

❶要求
ID：sato 密碼：xxx

❷新增 Session 資訊

伺服器

❸傳送 Session ID
k8swaC001……

❹於 Cookie 記錄
Session ID

❶要求
ID：tanaka 密碼：yyy

Session ID	使用者	網頁瀏覽器	商品
k8swaC001…	sato	ME	CT3SB
n0d0js9…	tanaka	CH	CT3BL

❷新增 Session 資訊

❸傳送 Session ID
N0d0js9……

❹於 Cookie 記錄
Session ID

❺當 Session ID 隨著 sato 的網頁瀏覽器發出的要求一併送出，網頁伺服器就會因為已經存有相關資訊而重啟購物流程

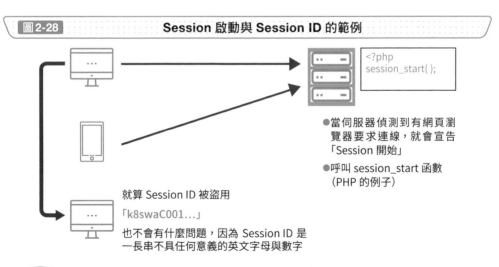

圖 2-28 Session 啟動與 Session ID 的範例

```php
<?php
session_start( );
```

● 當伺服器偵測到有網頁瀏覽器要求連線，就會宣告「Session 開始」

● 呼叫 session_start 函數（PHP 的例子）

就算 Session ID 被盜用

「k8swaC001…」

也不會有什麼問題，因為 Session ID 是一長串不具任何意義的英文字母與數字

Point

✐ 伺服器端是利用 Session ID 管理網頁瀏覽器與伺服器之間的一連串處理。

✐ Session ID 本身是一串沒有任何意義的英文字母與數字。

小 試 身 手

HTML 與 CSS

在第 2 章說明過 HTML 與 CSS 的內容。自 HTML 5 問世後，網頁基本上會以 HTML 定義內容與文章的架構，再以 CSS 定義外表與版面的編排與設計。

HTML 或 CSS 可利用 Windows 附屬的記事本、文字編輯器或 Word 製作，所以大家不妨參考圖 2-8，試著寫寫看 HTML。

圖 2-8 有 3 個 HTML 檔案與 1 個 CSS 檔案。在此要試著利用 2 個 HTML 檔案與 2 個 CSS 檔案觀察 CSS 造成的影響。

CSS 造成的影響

請試著在格式幾乎相同的 2 個 html 檔案，以及定義內容各不相同的 2 個 CSS 檔案撰寫簡單的程式碼。範例如下。請將這些檔案的副檔名設定為 .html 與 .css，再放在同一個資料夾裡。

公司簡介與徵才資訊 html　　　　　　分別設定背景色與標題的 CSS

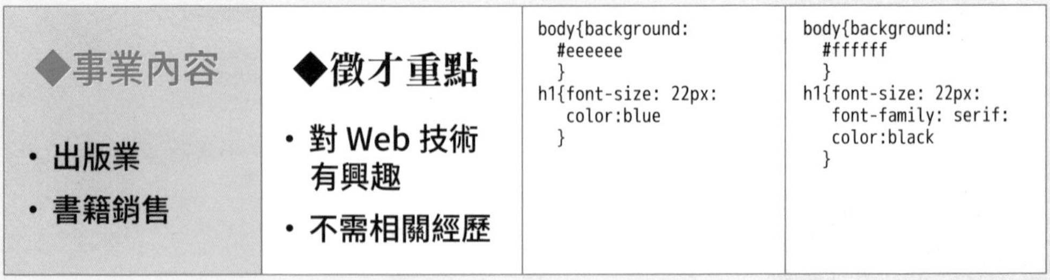

| ◆事業內容

・出版業
・書籍銷售 | ◆徵才重點

・對 Web 技術
　有興趣
・不需相關經歷 | body{background:
　#eeeeee
　}
h1{font-size: 22px:
　color:blue
　} | body{background:
　#ffffff
　}
h1{font-size: 22px:
　font-family: serif:
　color:black
　} |

這次使用了 2 個 html 檔案與 2 個 css 檔案。雖然也可以在 HTML 檔案定義網頁的外觀，但是當網頁變多或是設計更加複雜時，就能體會到 CSS 有多麼方便。

撐起 Web 的機制

~web 相關功能與建置伺服器~

第 **3** 章

≫ 撑起 Web 的機制

網頁與電子郵件的伺服器與功能

從 **1-10** 解說的「資訊科技白皮書」可知,「網路 =Web+ 電子郵件」,而本節將根據這個公式重新整理網頁伺服器周圍的伺服器與系統。

圖 3-1 是以 Web 與電子郵件相關的伺服器、系統或功能的特質與共通之處,分類伺服器、系統與功能。

比方說,**網頁伺服器與 FTP 伺服器的共通之處在於 DNS、Proxyy、SSL 伺服器,專屬電子郵件的部分有 STMP 或 POP3 伺服器**,至於輔助網頁伺服器的 AP 伺服器或 DB 伺服器則列為補充資料,在此不多做說明。假設使用者不多,就能以一台伺服器含括上述這些功能。

抵達網頁伺服器的路徑

接著要介紹的是企業或團體的內部網路,連往網頁伺服器所需的伺服器與功能。

圖 3-2 雖然是企業與團體的內部網路示意圖,但是租用網路的個人使用者幾乎也是經由相同的路徑瀏覽網路。從這張示意圖來看,**個人使用者是透過電腦連往 DNS 或 Proxy 伺服器這類機制,再連往網頁伺服器的網路**。此時使用的通訊協定為 **3-2** 介紹的 TCP/IP。

網頁伺服器雖然是最重要的 Web 技術,但也必須了解周邊的伺服器或功能是如何與網頁伺服器建立關聯性。

後面的章節將為大家逐步介紹這些功能。

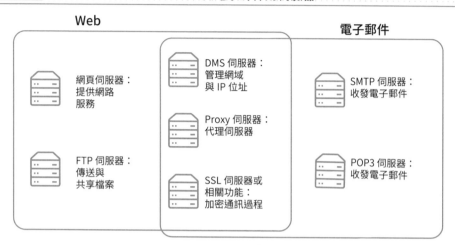

圖 3-1 Web 與電子郵件的伺服器

Web

網頁伺服器：
提供網路
服務

FTP 伺服器：
傳送與
共享檔案

DMS 伺服器：
管理網域
與 IP 位址

Proxy 伺服器：
代理伺服器

SSL 伺服器或
相關功能：
加密通訊過程

電子郵件

SMTP 伺服器：
收發電子郵件

POP3 伺服器：
收發電子郵件

DNS、Proxy、SSL 伺服器
同時支援電子郵件與網際網路的功能

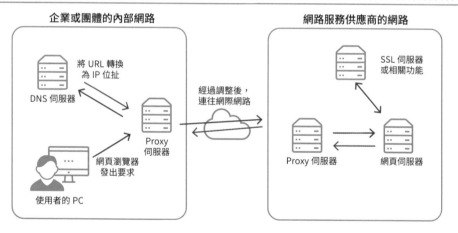

圖 3-2 抵達網頁伺服器的路徑

企業或團體的內部網路

將 URL 轉換
為 IP 位址

DNS 伺服器

網頁瀏覽器
發出要求

使用者的 PC

Proxy
伺服器

經過調整後，
連往網際網路

網路服務供應商的網路

SSL 伺服器
或相關功能

Proxy 伺服器

網頁伺服器

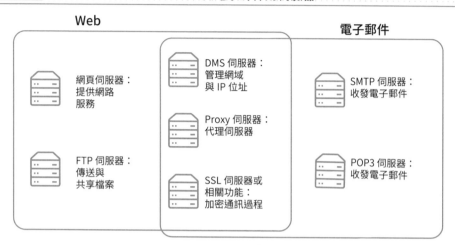

Point

✎ 與 Web 有 關 的 伺 服 器 或 功 能 包 含 FTP、DNS、Proxy、SSL、SMTP、POP3 伺服器。

✎ 使用者會透過其他的伺服器或功能連往網頁伺服器。

≫ 連往 Web 的基本架構

TCP/IP 的概要

如前所述,個人電腦或智慧型手機這類裝置,都是透過 **TCP/IP 通訊協定**與網頁伺服器連線,而 IP 位址則居中扮演重要角色。通訊協定也就是所謂的通訊步驟。

如圖 3-3 所示,現代的資訊系統以分成四層的 TCP/IP 通訊協定為主流。終端裝置與伺服器的應用程式連線之前,必須預先設定收發資料的步驟與資料的格式,例如 HTTP、電子郵件的 SMTP 或 POP3 就是其中一例,而這個部分又稱為應用層(Application Layer)。

終端裝置與伺服器的應用程式以何種方式通訊是於**應用層**決定,但負責將資料傳送給對方的是**主機傳輸層**(Transport Layer)。主機傳輸層共有 2 個通訊協定,分別是在傳送資料時,說明傳送目的地與資料的 TCP 協定,以及像電話通話般,一旦連線就持續建立互動的 UDP 協定。

在資料收發規則確定之後,決定走哪條路徑傳送資料的是**網際網路層**(Internet Layer),此時會根據 IP 位址決定傳輸路徑。

路徑決定後,便會利用無線的 Wi-Fi、有線的區域網路、Bluetooth 這類被稱為**網路介面層**(Network Interface layer)的部分傳送資料。

資料封裝

資料會從終端裝置出發,經過上述的四個階層前往目的地,從圖 3-4 來看,就是由左至右依序前進,但在每一層都會先新增標頭並進行封裝處理,再前往下一層。

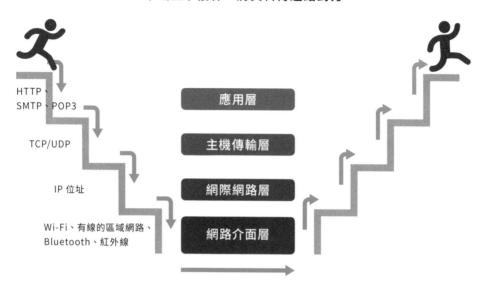

圖3-3　**TCP/IP 的四個階層**

不斷上下樓梯，將資料傳送給對方

HTTP、
SMTP、POP3

應用層

TCP/UDP

主機傳輸層

IP 位址

網際網路層

Wi-Fi、有線的區域網路、
Bluetooth、紅外線

網路介面層

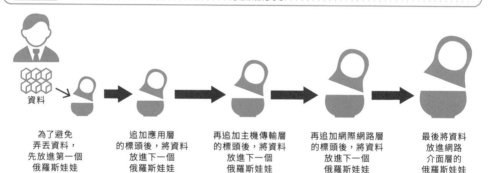

圖3-4　**資料封裝**

資料

| 為了避免
弄丟資料，
先放進第一個
俄羅斯娃娃 | 追加應用層
的標頭後，將資料
放進下一個
俄羅斯娃娃 | 再追加主機傳輸層
的標頭後，將資料
放進下一個
俄羅斯娃娃 | 再追加網際網路層
的標頭後，將資料
放進下一個
俄羅斯娃娃 | 最後將資料
放進網路
介面層的
俄羅斯娃娃 |

資料傳至對方的網路之後，再一個個打開俄羅斯娃娃拿出資料。

※俄羅斯娃娃是俄羅斯的知名工藝品，通常會有五層。

Point

✐ Web 使用的是 TCP/IP 通訊協定。

✐ TCP/IP 是由應用層、主機傳輸層、網際網路層、網路介面層組成。

» IP 位址與 MAC 位址的差異

何謂 IP 位址？

在網際網路上，終端裝置或網頁伺服器這類電腦都以 **IP 位址**稱呼彼此。

IP 位址是於**網際網路識別通訊端的編號**，目前使用的 IPv4 是以點區分四個 0 ～ 255 的數字，後繼格式的 IPv6 則會慢慢普及（圖 3-5）。

由於每個網路都能設定 IP 位址，所以某間企業的伺服器的 IP 位址有可能與另一間企業的伺服器的 IP 位址相同，不過網路上的伺服器的 IP 位址都是獨一無二的，都有對應的網域名稱，請參考 **1-4** 説明。

MAC 位址的應用方式

IP 位址是提供電腦應用程式辨識的網路地址，反觀 **MAC** 位址則是由硬體辨識的地址，而且每個裝置都擁有這個地址。

MAC 是於**網際網路鎖定裝置所需的編號**，主要是由 5 個冒號或連字號串連 6 個兩位數英文字母或數字的格式。請大家先看看圖 3-6，了解指定電腦 IP 位址再連線的過程。

應用程式指定 IP 位址之後，會根據 OS 內部的 IP 位址列表確認 MAC 位址，之後便會如圖 3-6 的 ❹ 先確定內部網路是否有先前指定的 IP 位址，如果沒有，就會連往外部的網際網路世界。

雖然網頁伺服器的 IP 位址的確存在，但與網頁伺服器連線的終端裝置的 IP 位址又是什麼情況呢？

圖 3-5　　　　　　　　　　IP 位址格式的範例

二進位格式

1100 0000　1010 1000　0000 0001　0000 0001
8 位元　　　8 位元　　　8 位元　　　8 位元

●將每個 8 位元的二進位數值
　轉換成 10 進位（0 ～ 255）
●以「.」間隔

十進位格式

192.　　168.　　1.　　　1

IPv4 可使用 2 的 32 次方＝約 43 億個 IP 位址

● 在說明 IP 位址時，很常提到「192.168.1.1」這個位址，
　而這個位址通常是路由器的初始值。
● 在 IPv4 之後，IPv6 將慢慢普及。
● IPv6 可使用 2 的 128 次方個 IP 位址。
● 物聯網系統越來越普及，越來越多感測器與裝置需要連上網路，
　IPv4 的 IP 位址也會很快用完，所以說不定會慢慢地轉型為 IPv6。

圖 3-6　　　　　在每一個裝置尋找 IP，找不到就進入網際網路尋找

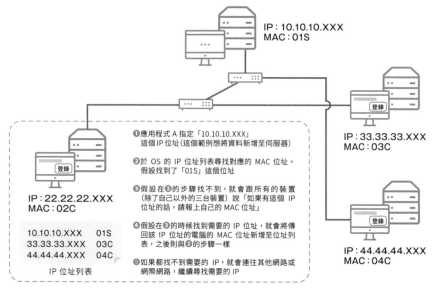

IP：10.10.10.XXX
MAC：01S

IP：33.33.33.XXX
MAC：03C

❶應用程式 A 指定「10.10.10.XXX」
　這個IP位址(這個範例想將資料新增至伺服器)

❷於 OS 的 IP 位址列表尋找對應的 MAC 位址。
　假設找到了「01S」這個位址

❸假設在❷的步驟找不到，就會跟所有的裝置
　（除了自己以外的三台裝置）說「如果有這個 IP
　位址的話，請報上自己的 MAC 位址」

IP：22.22.22.XXX
MAC：02C

❹假設在❸的時候找到需要的 IP 位址，就會將傳
　回該 IP 位址的電腦的 MAC 位址新增至位址列
　表，之後則與❷的步驟一樣

10.10.10.XXX　　01S
33.33.33.XXX　　03C
44.44.44.XXX　　04C

IP 位址列表

❺如果都找不到需要的 IP，就會連往其他網路或
　網際網路，繼續尋找需要的 IP

IP：44.44.44.XXX
MAC：04C

● IP 位址列表也稱為 ARP（Address Resolution Protocol）列表。
● 相對於 IP 位址是指派給網路裝置的位址，MAC 位址是在製造裝置時指派的編號，也是無法變更且獨一無二的編號。

Point

✎IP 位址是於網路識別通訊端所需的編號。

✎MAC 位址是指派給裝置的編號。

》指派 IP 位址

DHCP 的概要

網際網路的通訊是透過 IP 位址進行，但就算知道對方的 IP 位址，也需要提供自己的 IP 位址，而這部分就由 **DHCP**（Dynamic Host Configuration Protocol）負責。

比方說，新電腦要與公司的內部網路連線時，必須指派新的 IP 位址。第一次連上網路的用戶端電腦會與伺服器作業系統的 DHCP 服務連線，再取得自己的 IP 或 DNS 伺服器的 IP 位址（圖 3-7）。

DHCP 服務會對新連線的用戶端電腦指派**某個範圍之內還沒使用的 IP 位址**。

IP 位址的範圍與使用期限都是由系統管理者透過伺服器設定。

動態指派 IP 位址

由於企業內部的伺服器或網路機器扮演非常重要的角色，所以通常會指派固定的 IP 位址，而用戶端電腦則通常是利用 DHCP **動態指派 IP 位址**（圖 3-8）。

使用者透過網路供應商瀏覽網站時，有些使用的是固定 IP 位址，有些則是使用動態 IP 位址。如圖 3-8 所示，會利用 ISP 的 DHCP 功能指派臨時的 IP 位址。

從 www.shoeisha.co.jp 的網頁伺服器來看，就算 A 先生使用了同一個裝置在昨天與今天瀏覽網站，也有可能是透過不同的 IP 位址瀏覽網站。

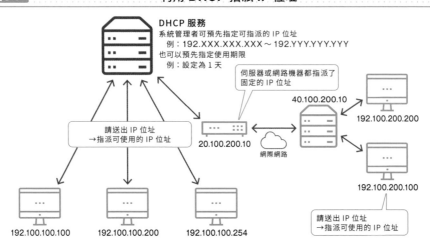

圖 3-7 利用 **DHCP** 指派 **IP** 位址

DHCP 服務
系統管理者可預先指定可指派的 IP 位址
　例：192.XXX.XXX.XXX～192.YYY.YYY.YYY
也可以預先指定使用期限
　例：設定為 1 天

伺服器或網路機器都指派了
固定的 IP 位址

40.100.200.10

192.100.200.200

請送出 IP 位址
→指派可使用的 IP 位址

20.100.200.10

網際網路

192.100.200.100

192.100.100.100　　192.100.100.200　　192.100.100.254

請送出 IP 位址
→指派可使用的 IP 位址

圖 3-8　動態指派 **IP** 位址

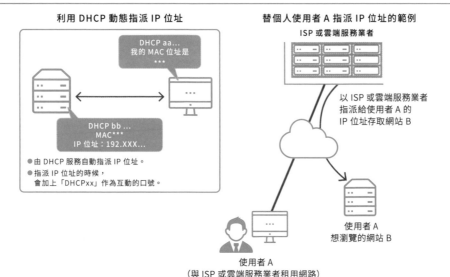

利用 DHCP 動態指派 IP 位址

DHCP aa...
我的 MAC 位址是
＊＊＊

DHCP bb ...
MAC＊＊＊
IP 位址：192.XXX...

● 由 DHCP 服務自動指派 IP 位址。
● 指派 IP 位址的時候，
　會加上「DHCPxx」作為互動的口號。

替個人使用者 A 指派 IP 位址的範例

ISP 或雲端服務業者

以 ISP 或雲端服務業者
指派給使用者 A 的
IP 位址存取網站 B

使用者 A
想瀏覽的網站 B

使用者 A
（與 ISP 或雲端服務業者租用網路）

Point

✎ 於網路指派 IP 位址的是 DHCP 服務。

✎ 終端裝置的 IP 位址通常是以動態的方式指定，只要時間有所變動，同一台裝置也可能被指派不同的 IP 位址。

連接網域名稱與 IP 位址

DNS 的功能

DNS 是 Domain Name System 的縮寫，具有將**網域名稱與 IP 位址串在一起的功能**。

以下為最常使用此功能的情況。

- 將網頁瀏覽器的網域名稱轉換成 IP 位址
- 將電子郵件的 @ 後面的網域名稱轉換成 IP 位址

我們平常不太會注意到 DNS，但不管是在 Web 還是電子郵件的用途上，DNS 都是非常重要的功能。此外，如圖 3-9 所示，DNS 還分成 DNS 快取伺服器與 DNS 內容伺服器。

DNS 的存在

DNS 其實會**隨著用戶數或網路系統的規模調整規模**。

舉例來說，若是小型企業或組織，就不需要另外設置 DNS 伺服器，直接在電子郵件伺服器或網頁伺服器內建 DNS 的功能即可。

若是員工超過數千人的大企業，每天會有不少人存取電子郵件或網頁的伺服器，所以就需要為了電子郵件伺服器或網頁伺服器分別設置 DNS 伺服器，有時還會依照網域名稱的階層構造建置多台 DNS 伺服器。替快取、路由、網域名稱這些功能分別設置伺服器的同時，還利用網域名稱區分這些伺服器（圖 3-10）。

網路供應商或雲端服務業者提供的 DNS 服務通常都是很複雜的架構，因為使用者比較多，系統的規模也比較大。

圖3-9　　　　　　　　　　**DNS 的功能**

用戶端發出瀏覽 @XX.co.jp
這個 IP 位址的要求

DNS 伺服器

將 @XX.co.jp、www.XX.co.jp 的
XX.co.jp 轉換成 IP 位址（123.123.11.22）

DNS 伺服器有兩種

取得 IP 位址
即可瀏覽網站

假設 DNS 快取伺服器
有對方的網域名稱的
IP 位址，就由 DNS 快取
伺服器回應

DNS 快取伺服器：
回應用戶端的要求

假設 DNS 快取伺服器
沒有對方的網域名稱的
IP 位址，就詢問 DNS 內容
伺服器

DNS 內容伺服器
回應 DNS 快取伺服器

DNS 內容伺服器：
擁有對照表，可對應
外部的 DNS

圖3-10　　　　　　　　　　**DNS 的各種功能**

電子郵件伺服器或網頁伺服器
內建 DNS 功能的情況
（使用外部的 DNS 伺服器）

網頁伺服器

**DNS
功能**

※設定主機代管業者的
DNS 伺服器

電子郵件伺服器

多層結構的DNS
（以網頁伺服器為例）

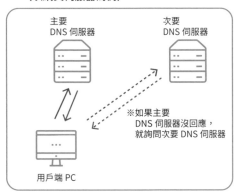

主要
DNS 伺服器

次要
DNS 伺服器

※如果主要
DNS 伺服器沒回應，
就詢問次要 DNS 伺服器

用戶端 PC

Point

⟋DNS 是將網域名稱與 IP 位址串在一起的功能。

⟋DNS 的規模會隨著用戶數或網路系統的規模而改變。

》 網路通訊代理

網路通訊的代理與效率

使用者從企業內部網路連往外部的網頁伺服器或是透過 ISP 存取網站,都不會看到終端裝置的 IP 位址。

從用戶端來看,這種情況都常是由 **Proxy** 代理伺服器**負責網路通訊的部分**(圖 3-11)。

顧名思義,Proxy 的意思就是「代理」。就企業內部的多台用戶端電腦瀏覽同一個網站的例子而言,第 2 台用戶端電腦就可以直接瀏覽存在 Proxy 代理伺服器快取的資料,所以 Proxy 代理伺服器不只是代理網路通訊的部分,還能讓整個瀏覽流程變得更有效率。

Proxy 的功能

如果是在企業或團體上班的人,可能都有過被禁止瀏覽某些特定網站的經驗。

其實這也是 Proxy 的功能之一,管理者通常會就安全性的觀點封鎖一些可能有問題或是不該瀏覽的網站,而且也會封鎖來自外部的不當連線,藉此保護用戶,這就是所謂的「防火牆」(圖 3-12)。

從使用者的角度來看,Proxy 的確有很多好處,但從網站的角度來看,**卻無法知道到底是誰在瀏覽網站**(應該是隸屬該企業的員工),就算有很多連線是來自同一個企業或網路,也很難分析連線狀況,或判斷對方是否為不當連線(圖 3-12)。

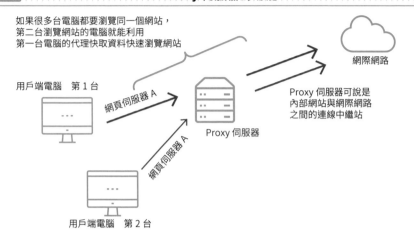

圖3-11 **Proxy** 伺服器的功能

如果很多台電腦都要瀏覽同一個網站，
第二台瀏覽網站的電腦就能利用
第一台電腦的代理快取資料快速瀏覽網站

用戶端電腦　第 1 台

網頁伺服器 A

網頁伺服器 A

用戶端電腦　第 2 台

Proxy 伺服器

網際網路

Proxy 伺服器可說是
內部網站與網際網路
之間的連線中繼站

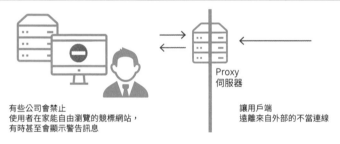

圖3-12 **Proxy** 的功能與來自另一端的麻煩

Proxy
伺服器

有些公司會禁止
使用者在家能自由瀏覽的競標網站，
有時甚至會顯示警告訊息

讓用戶端
遠離來自外部的不當連線

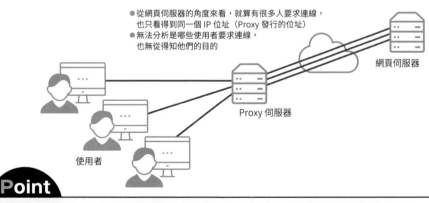

●從網頁伺服器的角度來看，就算有很多人要求連線，
　也只看得到同一個 IP 位址（Proxy 發行的位址）
●無法分析是哪些使用者要求連線，
　也無從得知他們的目的

網頁伺服器

Proxy 伺服器

使用者

Point

✎ Proxy 的功能為代理網路通訊，是企業與 ISP 出入網際網路的大門口。

✎ 從網站的角度來看，無法鎖定與分析造訪網站的訪客。

79

≫ 網頁瀏覽器與網頁伺服器之間的加密處理

加密通訊

以 https 取代 http 的企業或團體的 URL 越來越多。若看到網站的 URL 是以 https 為開頭，代表該網站使用了進行加密處理的通訊協定「**SSL**」（Secure Sockets Layer）。**使用 SSL 的目的在於加密通訊過程，以避免惡意的第三者側聽或竄改通訊內容。**圖 3-13 的主要登場人物為用戶端電腦與外部的網頁伺服器，從中可以發現，SSL 伺服器或相關功能輔助了網頁伺服器的運作。https 代表該網站建立了完全的安全性策略，以智慧型手機瀏覽這類網站時，也會在網頁瀏覽器的左上角顯示鑰匙符號作為標示。

SSL 的流程

如圖 3-14 所示，SSL 的通訊加密處理是從伺服器與用戶端共同確認之後開始。

雙方完成確認後，伺服器會送出驗證與加密所需的金鑰，等到雙方都準備好應有的編碼與解碼之後，就會開始互相傳輸資料。若從圖 3-14 來看，這個流程似乎有點複雜，但使用者根本不會察覺這個流程。

有些網站會在輸入個人資訊或結帳時從 http: 換成 https:，但現在的主流是所有頁面都以 https: 顯示。將使用者輸入的 http: 自動轉換成 https: 的服務稱為轉址（參考 **7-7** 説明）。不論是上述何種情況，都代表使用者一進入網站，SSL 處理就會自動執行，也代表這個網站非常重視個人資訊的保護與安全性，**今後的網站也一定會支援 https: 的瀏覽方式。**

圖 3-13 SSL 的定位與鑰匙符號

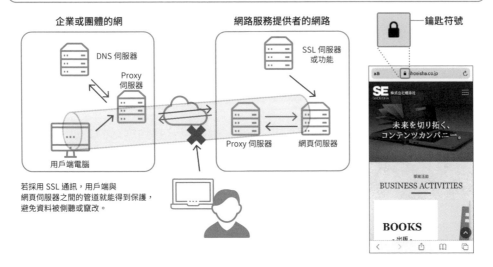

企業或團體的網

DNS 伺服器

Proxy 伺服器

用戶端電腦

網路服務提供者的網路

SSL 伺服器 或功能

Proxy 伺服器　網頁伺服器

鑰匙符號

若採用 SSL 通訊，用戶端與 網頁伺服器之間的管道就能得到保護， 避免資料被側聽或竄改。

圖 3-14 SSL 處理的流程

用戶端電腦

確認以SSL進行通訊

要送出憑證與公開金鑰囉

完成憑證確認。用於 加密通訊的共通金鑰 為公開金鑰，會在加 密之後送出

利用祕密金鑰 還原加密過的共通金鑰

確認編碼與解碼都沒問題之後， 開始傳輸資料

網頁伺服器

● 確定用戶端與網頁伺服器以SSL的方式通訊，也確認加密的流程後， 再開始互相傳輸資料。

● SSL是以共通金鑰與加密的公開金鑰組成。

Point

🖋 SSL 是能顧及網路通訊安全性的通訊協定，目前已十分普及。

🖋 處理個人資訊的企業或團體的網站都必須使用 SSL 處理。

》 傳送檔案給網頁伺服器與識別要求

透過網路傳輸或分享檔案

FTP 是 File Transfer Protocol 的簡寫，主要是透過網路與外部分享檔案，或是將檔案上傳至網頁伺服器的通訊協定。

要在同一個網路分享檔案只需要將檔案放上檔案伺服器，但是要透過網際網路與外部分享檔案就必須另循管道。

如果使用者與網路供應商租用了網頁伺服器，通常可利用 FTP 軟體，讓自己的電腦透過 IP 位址或 FTP 伺服器名稱與網頁伺服器連線，**再透過 FTP 在網頁伺服器建立資料夾或傳輸檔案。**

要想使用 FTP 功能，用戶端與伺服器端都必須安裝 FTP 軟體。

使用者的應用方式

FTP 是不同於 HTTP 的通訊協定，但網路供應商的網頁伺服器通常都內建了 FTP 服務這項功能。

網頁伺服器會利用 TCP/IP 通訊標頭的連接埠編號區分連線是 FTP 還是 HTTP（圖 3-15）。就實務而言，HTTP 的連接埠編號會預設為 80，FTP 則會是 20 或 21，HTTPS 則預設為 443，**會依照要求的種類採用不同的形式連線**，其中當然也包含了電子郵件的 SMTP 與 POP3（圖 3-16）。這部分將會在 **9-2** 進一步解說，而且也與防火牆有關。

使用者雖然不用特別理會這些設定，但基本上會透過網頁瀏覽器、FTP 軟體、電子郵件軟體使用上述的通訊協定。

圖 3-15　　　　　　　　　　　　　　連接埠編號清單

- 沒有 FTP 功能就無法從外部將檔案傳送給網頁伺服器

➡ 無法新增或更新內容

- 不過 TCP/IP 原本就有右側表格這些要求

- 這與不同大小的船或是不同的貨物需要不同的港口（碼頭）是一樣的道理

通訊協定	TCP 標頭的連接埠編號
FTP	20 或 21
HTTP	80
HTTPS	443
IMAP4	143
POP3	110
SMTP	25
SSH	22

- 除了上述的連接埠之外，udp 的連接埠編號為 DHCP 的 67 或 68
- 這些連接埠又稱為公認連接埠（Well Known Ports），會為了應付伺服器端的基本應用程式而事先設定完畢
- 這些設定也是防火牆的設定，這部分會於 **9-2** 說明

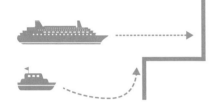

第 **3** 章
傳送檔案給網頁伺服器與識別要求

圖 3-16　　　　　　　　　　　　　使用者的應用方式

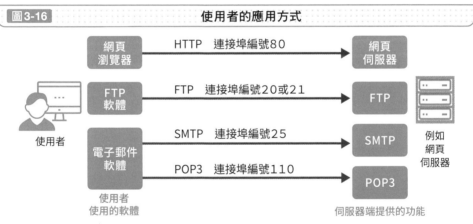

- 若是租用網路供應商提供的伺服器，通常會將網頁伺服器、電子郵件伺服器或其他功能全放在同一台伺服器
- 伺服器會依照使用者使用的軟體、通訊協定以及連接埠編號提供不同的功能

Point

✎ 要將檔案傳送給網頁伺服器時，通常會使用 FTP 通訊協定。

✎ 伺服器端會依照使用者發出的要求，以及軟體使用的通訊協定提供不同的服務。

≫ 建置網頁伺服器的方法

三種建置網頁伺服器的方法

接著為大家介紹建置網頁伺服器的方法。大致上可分成三大類（圖 3-17）。

❶租用伺服器

自行取得網域名稱，再租用網路供應商提供的網頁伺服器。這是建置網頁伺服器最簡單快速的方法，適合中小型企業、門市或個人使用。這類網頁伺服器通常能立刻使用，也包含電子郵件伺服器的功能。

❷雲端服務

若是使用雲端服務建置網頁伺服器，就不需要準備伺服器或網路機器，但還是要自行設定架構、安裝與設定軟體。越來越多中大型企業採用這種方式。

❸於自家公司建置

這種方法只有少數的大型企業或中大型企業會使用。由於通訊機器與軟體的維護都需要成本，所以近年來越來越少公司採用這種方式，大部分都是最初自行建置網頁伺服器，持續維護到現在。

絕大多數都是向網路供應商或雲端服務業者租用

從現況來看，**若只用得到網頁伺服器或電子郵件伺服器，就會選擇❶的方法，假設會使用其他的系統，也打算讓整個架構雲端化，就會選擇❷的方法。**不管選擇的是❶還是❷，都可根據業者提供的服務內容建置網頁伺服器（圖 3-18）。

假設選擇的是❶，業者會依照使用者的要求建置網頁伺服器，若是選擇❷，則會自動建置網頁伺服器，若選擇❸，就必須自行採購機器，還得自行建置與維護。

圖3-17 　　　　　　　租用伺服器、雲端服務、於自家公司建置的比較

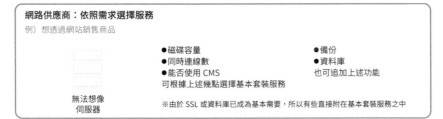

	❶ 租用伺服器	❷ 雲端服務	❸ 與自家公司建置
對伺服器這類機器的想像	無法想像	大致可以想像	可直接看到實物
選擇標準	● 磁碟容量 ● 資料庫的同時連線數 ● 會依照有無 SSL 或其他功能收費	● 可依照 CPU 與記憶體選擇伺服器 ● 也可選擇磁碟容量 ● 其他的部分也可從業者提供的服務選擇	● 可依照需要的性能選擇伺服器 ● 也可以選擇磁碟容量 ● 安裝必要的軟體 ● 可自行建置與設定環境，或是委託外部企業處理 ● 必須自行維護
具代表性的業者	GMO、Xserver、Sakura Internet 或其他	AWS、Azure、GCP、富士通、IBM、NIFCloud、BIGLOBE 或其他業者	與伺服器業者採購
其他	● 年費約二萬日圓左右（包含取得網域名稱的費用） ● 各家公司都稱自己為雲端服	● 通常會有免費使用期間 ● 費用比❶還高 ● 可自行設定，也能設定更細膩的功能	● 成本最高 ● 雖然沒有相關技術就無法建置，卻能隨心所欲地建置需要的伺服器

圖3-18 　　　　　　　網路供應商與雲端服務業者的差異

網路供應商：依照需求選擇服務

例）想透過網站銷售商品

無法想像
伺服器

● 磁碟容量
● 同時連線數
● 能否使用 CMS
可根據上述幾點選擇基本套裝服務

● 備份
● 資料庫
也可追加上述功能

※由於 SSL 或資料庫已成為基本需要，所以有些直接附在基本套裝服務之中

雲端服務業者：依照清單自行設計系統架構

例）除了想透過網站銷售商品，還可向外部企業提供基本建設服務

大致可以想像
伺服器的模樣

● 選擇伺服器（根據 OS、CPU、記憶體、磁碟容量）
● 選擇使用區域與可用區域（參考圖 6-5）
● 有無 SSL 功能
● 有無資料庫功能　● 有無備份的方法
● 有無開放 CMS　　● 可否使用 API

※雲端服務雖無法直接看到伺服器，卻比租用的伺服器更好用，更能選擇需要的規格，所以可大致想像伺服器的模樣

Point

✎ 建置網頁伺服器的方法主要分成三種，分別是租用伺服器、使用雲端服務與在自家公司建置。

✎ 從建置網路系統以及從事相關商務來看，絕大多數都是選擇租用伺服器或是使用雲端服務的方式。

》 建置網頁伺服器

建置網頁伺服器的步驟

接著要根據 **3-9** 的內容,為大家解說建置網頁伺服器的步驟。到目前為止,本書介紹了各種伺服器與相關功能,但實際建置網頁伺服器的過程會更加繁瑣一些。

這次要以內建 Linux OS 的伺服器為例,介紹建置網頁伺服器的步驟。假設已經有網路,也設定了安全性策略,建置網頁伺服器的步驟大致如下。

❶更新 **OS**(圖 3-19)

讓伺服器連上網路,再透過網路更新 OS。

❷安裝網頁伺服器功能(圖 3-19)

安裝 **Apache** 或 Nginx 這類網頁伺服器功能。

❸設定網路

設定通訊協定與指派 IP 位址,與網域名稱建立關聯性。

Linux 網頁伺服器的不成文規定

上述步驟的細節可參考專業書籍或網路文章,但之後還有一些重要的步驟需要完成,如果只完成❶~❸的步驟,仍無法將 html 檔案、圖片或其他內容放進 Apache 網頁伺服器。

此外,**還得替網頁伺服器的特定目錄設定讀寫權限**(**permission**),也通常會**將 html 這類檔案上傳至**「var/www/html」**這個目錄**(圖 3-20)。

圖 3-19　執行上述步驟的 Linux 命令

更新 OS

sudo yum update

yum 是 RedHat 發行版的命令，
若使用的是 Ubuntu 系統，
則可改成 apt-get

❶更新 OS

●有時伺服器端會顯示建議 update 的訊息
※此圖為 Amazon Linux 2 的範例

安裝 Apache

sudo yum install httpd

※這次介紹的
網頁伺服器功能為 Apache

啟動 Apache

sudo systemctl start httpd.service

隨著伺服器的停止或重新啟動讓 Apache 啟動

sudo systemctl enable httpd.service

❷安裝
Apache

假設正確安裝與啟動了 Apache，只需要在
網頁瀏覽器輸入伺服器的 IP 位址，就會顯
示 Apache 的 Test Page

●需以管理者權限「sudo」完成初始設定
●「systemctl」為管理服務的意思
●若需要 FTP 功能，可依照安裝 Apache 的方式，以「sudo yum install vsftpd」安裝 FTP 功能
●不管是自行建置伺服器還是使用雲端服務的伺服器，都需要完成上述作業

圖 3-20　網頁伺服器的不成文規定

●若只完成 ❶～❸的步驟，還無法從裝置上傳檔案至伺服器，所以需要設定權限
●Apache 的不成文規定就是將網頁伺服器的內容放在 var/www/html 底下

設定權限的範例

sudo chmod 775 /var/www/html/

※此圖為 Amazon Linux 2 的範例

　檔案上傳成功!　

●雖然通常會以 FTP 上傳檔案，但使用與系統相容的軟體才是理想的做法
●chmod 是設定與變更存取權限的命令
●775 指的是擁有檔案的人或是特定群組可存取、改寫檔案或目錄，但其他使用者只能讀取與執行檔案

Point

✎ 要建置網頁伺服器，就必須更新 OS、安裝 Apache 這類網頁伺服器功能以及設定
網路。

✎ 設定權限、使用網頁伺服器專屬的目錄（var/www/html）都是必知的不成文規
定。

≫ 選擇網頁伺服器

選擇與建置網頁伺服器

本節要介紹在網路供應商建置網頁伺服器的步驟。最近似乎有不少中小型或中大型企業都使用這種方式建置網頁伺服器,許多自營戶也會與網路供應商租用伺服器。

網路供應商提供的伺服器租用服務可幫忙取得專屬的網域名稱,還能提供網頁伺服器。

如圖 3-21 所示,主流的業者會依照磁碟容量設計不同的**服務方案**與價格,也會依照能否使用資料庫、SSL 以及是否開放使用 WordPress 計價,有些租用方案的月費也很平價。

可立刻使用的網頁伺服器

租用伺服器的優點在於**業者可幫忙取得網域名稱與提供伺服器,所以一經租用就能立刻使用。**只要一申請,很快就會寄來設定完成的郵件。

除了網頁伺服器這項功能,通常也會內建 FTP 伺服器這項功能。此外,由於 DNS 的設定已經完成,也不用擔心權限的設定以及目錄的配置,只需要將檔案上傳至根目錄,一切就準備就緒(圖 3-22)。換言之,完全不需要了解 **3-10** 說明的「**不成文規定**」。

主流的租用伺服器服務不會在價格上有明顯的差距,但是提供的免費功能卻不盡相同,所以還是得視用途選擇適當的服務。由於目前以 HTTPS 為主流,所以若需要使用 SSL 服務或是要在網路應用程式使用資料庫,就必須先確認使用條件。

筆者建議大家一開始先選擇最基本的服務,之後再視需求追加需要的功能。

圖 3-21 **網路供應商提供的伺服器租用方案**

	例　1	例　2
方案名稱	基本	商務
月費	$1,000	$2,000
容量	50GB	200GB
傳輸量／同時連線數	XX	YY
是否開放 WordPress、有無免費 SSL 或其他功能	●可使用 WordPress ●提供免費 SSL	●可使用 WordPress ●提供免費 SSL

●雖然大部分的租用伺服器業者都差不多，但提供的附加服務還是有些差異，租用前需要慎選。

●網域名稱的選項與相關的手續費也有差異。

●網路供應商通常會建議使用者，選擇取得網域名稱與租用伺服器的套餐。

●雲端服務業者也能幫忙取得網域名稱，但通常不會刻意宣傳這項服務。

圖 3-22 **租用伺服器的方便性**

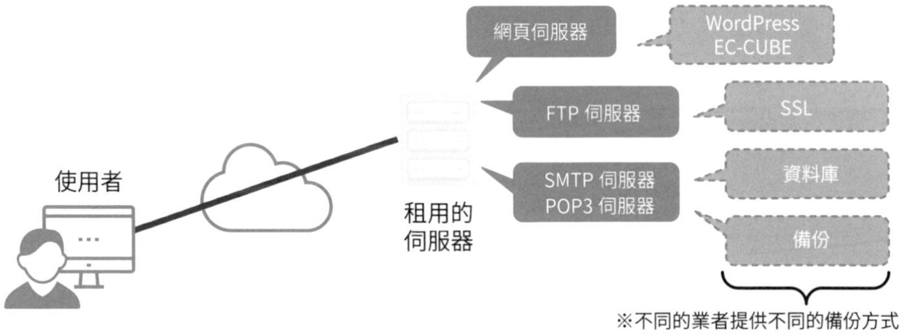

●使用者不一定會知道租用了哪種伺服器，但只要選擇取得網域名稱與租用伺服器的套餐，Web、FTP、SMTP、POP3 就會自動建置完成，還能取得這些伺服器的 IP 位址。

●在電腦安裝 FTP 軟體之後，通常就能立刻使用租用的伺服器（不需要特別理會 **3-10** 介紹的權限與目錄）。

●知名的業者會透過電子郵件聯繫與支援，所以租用伺服器的方式適用於許多情況。

Point

✍使用者只需要選擇功能就能租用伺服器。

✍使用者不需要了解困難的設定或不成文規定，也能立刻使用伺服器。

≫ 建置網頁伺服器

「建置」、「挑選」、「製作」

之前將自行架設伺服器的情況歸類為「建置伺服器」，也將交由業者完成伺服器架設作業的情況歸類為「挑選伺服器」。由於伺服器的基本環境已經完備，所以接下來要使用「製作」這個詞與上述的情況做出區隔。

在各種雲端服務之中，由 Amazon 提供的 **AWS**（Amazon Web Service）、微軟的 **Azure**、Google 的 **GCP**（Google Cloud Platform）最為有名。這些雲端服務受到歡迎的理由之一在於提供一段免費使用的期間。

本節要以 AWS 為例，介紹製作網頁伺服器的概要。

網頁伺服器正式上線之前的流程

要在 AWS 製作網頁伺服器與網站，直到使用者能瀏覽的程度為止，必須完成下列的步驟。這些步驟也已整理成圖 3-23 與圖 3-24。

❶ 製作帳號
❶ 製作伺服器
❷ 與製作的伺服器完成安全連線
❸ 更新 OS 與安裝 Apache
❹ 完成設定與利用 HTTP 通訊協定與伺服器連線
❺ 將固定 IP 位址指派給伺服器
❻ 上傳網站的內容

就實務而言，❶與❷是最需要謹慎進行的步驟。

實際執行這些步驟之前，**記得先完整看過線上手冊一遍，避免在任何步驟出差錯，才能如期完成每個步驟。**

圖3-23 製作帳號的畫面

在 AWS 製作帳號的畫面

在 GCP 製作帳號的畫面

⓪ 製作帳號

● 在某些大型雲端服務業者輸入電子郵件信箱、密碼、帳戶名稱或信用卡資料之後，就能免費使用 12 個月。

圖3-24 網頁伺服器正式上線之前的步驟

管理者

❶製作伺服器
● 從清單選擇 CPU 與記憶體
● 選擇磁碟容量

（例）

	CPU	記憶體
Linux 低～中性能	XX	XX
Linux 低～中性能	XXX	XXX
Linux 高性能	YYY	YYYY
Windows	YY	YYY
…	…	…

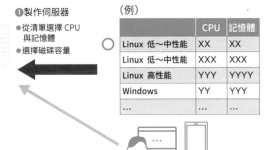

一般使用者

❷與製作的伺服器完成安全連線
● 以管理員的身分從特定終端裝置進行 SSH 連線
● 建立憑證檔案
● 設定防火牆

❸更新 OS 與安裝 Apache（參考圖 3-19）

❹完成設定與利用 HTTP 通訊協定與伺服器連線
● 讓一般的使用者也能瀏覽網站

❺將固定 IP 位址指派給伺服器
● 取得固定 IP 位址，再指派給伺服器
● 讓網域名稱與 IP 位址綁定
（在取得網域名稱的業者系統完成這項作業）

❻上傳網站的內容
● 設定權限與上傳網站內容，讓使用者得以瀏覽

※ 這些步驟為 2021 年 2 月的資訊，業者有可能視情況調整這些步驟。實際設定時，請參考線上手冊或是最新的相關書籍。

※ 這次的主題是將網站設定成可以瀏覽的程度，但就實務而言，也要注意安全性的問題，還要注意相關的服務。

Point

✎ 雲端服務的基本環境已經建置完成，所以可在雲端服務製作伺服器。

✎ 在製作伺服器之前，最好先透過線上手冊確認每個步驟的內容，再依照計畫完成每個步驟。

小 試 身 手

與 DNS 伺服器連線

3-5 說明了 DNS 伺服器的內容。

DNS 伺服器可綁定網域名稱與 IP 位址,再將網域名稱轉換成對應的 IP 位址。

讓我們試著透過 Windows 電腦與 DNS 伺服器連線。

請在命令提示字元輸入「nslookup」。

這個命令會對 DNS 伺服器直接發出要求,若能連線,就會顯示對應的結果。

執行 nslookup 命令的結果

```
c:\>nslookup 要連線的主機名稱
伺服器:DNS伺服器的名稱
Address:DNS伺服器的IP位址


名稱:要連線的主機名稱
Address:IP位址的結果
```

要連線的主機名稱可輸入 yahoo.co.jp。如果是使用網路供應商提供的網路服務的企業或團體,就有可能不會顯示 IP 位址。

自行建置網頁伺服器的知名網站或企業是最好的實驗對象。從家裡連線,或是從企業或團體的內部網路連線,有可能會顯示不同的 DNS 伺服器名稱。

Web 的普及與推廣

~持續增加的用戶與不斷擴大的市場~

第 **4** 章

» 多元化的 Web 世界

電子商務越來越活躍

對於經營電子商務的企業或個人來說，Web 技術顯得越來越重要，這與雲端服務的環境越來越完備，以及在 Web 建置的系統越來越多有關。

從圖 4-1 可以發現使用者存取網路的方式也變得多元，若從提供網路服務的角度來看，能從事交易或宣傳的媒體也越來越多。由此可知，透過這些網路媒介延伸出來的商機也快速增加了。

在此要請大家了解的是，**網路系統雖是有如核心般的存在，卻也與周遭的世界有著密切的關聯性**，而且這個世界也不斷地在改變。

比方說，除了實體門市以及網站之外，目前還有外部的購物網站、社群網站或影音網站這類**足以與一般網站相媲美的機制，所以該如何以綜覽全局的角度來考慮要或不要使用哪個機制是很重要的**。

於自家的事業應用

從事網路系統建置的人必須直接或間接地觀察網路與真實世界的相關性。以銷售照片或影片的門市或企業為例，若能善用社群網站或影音網站，就有機會提升產品的銷量。假設經營的是個人店面，即使沒有官方網站，也能在社群網站發文，爭取曝光度以及提升業績（圖 4-2）。

此外，會計師、律師這些師字輩的工作雖然無法透過購物網站提供服務，但還是能透過一些發文網站或媒合網站提供服務。

從下一節開始，將為大家介紹網路系統與周邊環境的關聯性。

圖4-1　處處都是網路的世界

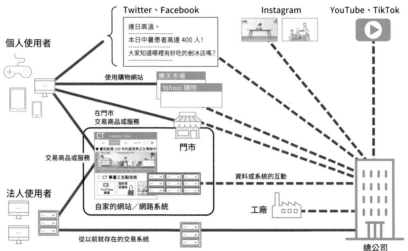

- Web 對以消費者為目標族群的企業來說，已是非常重要的存在。
- 除了上述的企業之外，也有發行自家智慧型手機專用 App 的企業。
- Web 在法人之間也越來越重要。
- 企業的網站可分成入口網站、品牌形象網站、宣傳網站、電子商務網站、徵才網站。

圖4-2　有些門市或商務不需要網站

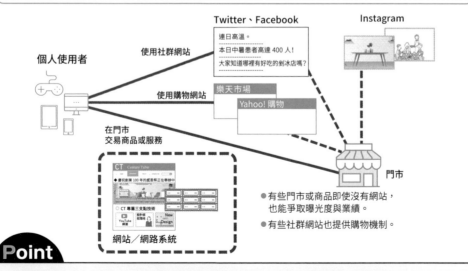

- 有些門市或商品即使沒有網站，也能爭取曝光度與業績。
- 有些社群網站也提供購物機制。

Point

🖉 網路系統雖然已是非常重要的商業機制，卻仍需要注意網路系統周邊的環境。

🖉 目前已有代替或強化網站的媒體與功能，所以不一定非得建置網站不可。

» 自智慧型手機問世之後

智慧型手機問世之後的現況

如 **1-10** 說明，智慧型手機已是使用者最常用來上網的終端裝置。

iPhone 與 **Android** 手機是於 2008 年進入日本，2010 年也出現了 iPad 或 Android 平板電腦。於 1999 年上線，只於日本境內廣泛使用的 i-mode 服務或其他服務，也是上述裝置普及的原因之一。圖 4-3 是說明這類服務與上述裝置相關性的示意圖。

從開發網路系統的角度來看，在進入智慧型手機與電腦成為兩大主流的時代之前，**許多折疊機或終端裝置都有自己的網頁瀏覽器，因此曾有過一段隨著它們動態而改變網頁的艱難時期。**。為了讓網頁支援大部分的終端裝置與網頁瀏覽器，必須先找出主要的電信公司與終端裝置製造商，而且當時的網站基本上都只有電腦版，所以得另外建立智慧型手機版的網頁。

支援響應式網頁設計

當終端裝置的規格漸趨一致，網站的開發技術也不再如當初一般快速進步之後，響應式網頁設計（俗稱響應式設計）也逐漸成為標準。

響應式設計是依照網頁瀏覽器的種類提供網頁的技術，而最近的主流技術則有單一網頁對應多種裝置的特徵。

如圖 4-4 所示，目前最常見的是頁面會隨著裝置的種類調整編排方式。如今若要開發網站，就必須支援響應式設計。

圖4-3　智慧型手機的變遷與開發端現況

| 1999 | 2008 | 2010 | | | | 2021 |

i-mode 服務上線　　iPhone 與 Android 手機 進入日本　　iPad 與 Android 平板 開始銷售

<參考>
- SONY Xperia 系列的變遷
- 日本廠商比以前減少許多

2010 年	2013 年	2016 年	2019 年
Xperia	Xperia Z	Xperia Z	Xperia 1
3 吋螢幕	5 吋螢幕	5 吋螢幕	6.5 吋螢幕
鏡頭像素 800 萬	像素 1,310 萬	像素 2,300 萬	像素 1,220 萬

開發者系統開發不易的時期

開發系統比之前更簡單

- 終端裝置與網頁瀏覽器的種類非常多，系統開發不易。
- 必須依照終端裝置或網頁瀏覽器的種類修改網頁。
- 電腦版、手機版、智慧型手機版的網頁都是不同的網址，或是另外製作智慧型手機版的網頁。

- 大部分的終端裝置都是相同的規格，網頁瀏覽器的種類也變少。
- 只需要在不同的情況下調整頁面大小即可。

圖4-4　相同頁面，不同編排方式的情況

電腦版

智慧型手機版

- 主要圖片的下方配置三個區塊與圖片的範例
- 第二層放了很多內容的常見設計

- 電腦版是在主要圖片下方配置三個區塊，但智慧型手機版全部排成一列
- 智慧型手機的螢幕較小，所以非得如此編排不可。目前的主流是放棄套用電腦版的版面

Point

✎ 早期開發網路系統時，因為終端裝置與網頁瀏覽器的種類太多，所以很難開發。

✎ 目前以支援響應式網站設計為主流。

» 常見的網頁瀏覽器有哪些？

在智慧型手機與個人電腦有不同市佔率的網頁瀏覽器

目前雖已是以智慧型手機瀏覽網站為主流的時代，但讓我們一起思考網頁瀏覽器的現況。目前雖然有 Google Chrome 這種能於各種裝置使用的網頁瀏覽器，但基本上，許多人都會使用終端裝置本身推薦的網頁瀏覽器，例如使用的是 Windows 電腦，就推薦使用 Microsoft Edge，如果是 iPhone 就推薦使用 **Safari**。

接著讓我們先了解各家網頁瀏覽器的市佔率。最多人使用的網頁瀏覽器自然就是市場的老大了。

一開始要先了解的是智慧型手機的行動網頁瀏覽器。如圖 4-5 所示，日本的網頁瀏覽器市佔率由高至低依序為 Safari、Chrome、Samsung。由於 iPhone 在日本的市佔率非常高，所以網頁瀏覽器的市佔率也與全世界的趨勢不同。

接著要了解的是電腦版的網頁瀏覽器。如圖 4-5 所示，不管是在日本還是全世界，位居龍頭的都是 Chome，接著則是因為 Windows 電腦的高市佔率導致 Microsoft Edge 與 IE 在日本的市佔率偏高。

幾乎每家機構的市佔率調查都是相同的結果。此外，Chrome 在智慧型手機的市佔率也有逐步攀升的趨勢。

Chrome 如此強勢的理由

Chrome 如此強勢的理由在於**能在各種終端裝置使用**的方便性之外，啟動速度比其他網頁瀏覽器來得更快，還能使用 Gmail 這類由 Google 提供的功能（圖 4-6）。而且第 2 章也提過，Google 的開發人員工具也有很多用途，所以從開發人員的立場來看，Chrome 也非常方便。其實在網路系統的世界裡，開發人員喜歡的工具通常會與一般使用者不同。

圖 4-5

行動版與電腦版的網頁瀏覽器市佔率

日本的行動版網頁瀏覽器市佔率（2021/1）

網頁瀏覽器	市佔率
Safari	60.13%
Chrome	33.90%
Samsung	3.14%
其他	2.83%

URL: https://gs.statcounter.com/browser-market-share/mobile/japan

全世界的行動版網頁瀏覽器市佔率（2021/1）

網頁瀏覽器	市佔率
Chrome	62.51%
Safari	24.91%
Samsung	6.30%
其他	6.28%

URL: https://gs.statcounter.com/browser-market-share/mobile/worldwide

※由於 iPhone 在日本的市佔率極高，所以 Safari 才會是龍頭。

日本的電腦版網頁瀏覽器市佔率（2021/1）

網頁瀏覽器	市佔率
Chrome	58.50%
Microsoft Edge	15.61%
Safari	8.66%
IE	7.52%
Firefox	6.55%
Edge Legacy	0.81%
其他	2.35%

URL: https://gs.statcounter.com/browser-market-share/desktop/japan

全世界的電腦版網頁瀏覽器市佔率（2021/1）

網頁瀏覽器	市佔率
Chrome	66.68%
Safari	10.23%
Firefox	8.10%
Microsoft Edge	7.79%
Opera	2.62%
IE	1.95%
其他	2.63%

URL: https://gs.statcounter.com/browser-market-share/desktop/worldwide

※ Windows 電腦在日本的市佔率極高，所以 Edge 或 IE 的市佔率高於全世界的趨勢。

※各家調查機構也有發表類似的調查結果，但本書介紹的是能在網路找到的 Statcounter 調查結果，僅供大家參考。

圖 4-6

Chrome 如此強勢的理由

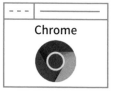

Chrome

可於智慧型手機、電腦、平板以及其他終端裝置以同樣的方式使用

Edge 和 IE

以 Windows 電腦為主

Safari

以 iPhone、Mac 為主

Chrome 的優勢在於啟動時間較快，還能與 Gmail、Google 地圖這類程式互動，不過有些喜歡鑽研網頁瀏覽器的使用者比較喜歡能自訂功能的 Firefox。

Point

✎ 應該先了解本國與全世界的網頁瀏覽器市佔率。

✎ Chrome 的市佔率越來越高，還具有能在各種終端裝置使用的優勢。

≫ 最常使用的搜尋引擎有哪些？

搜尋引擎在日本的市佔率

基本上，現代的網頁瀏覽器都會內建搜尋引擎，但以前並非如此，所以直到現在，仍有人將搜尋引擎與網頁瀏覽器分開討論。使用者只需要在搜尋方塊中輸入單字或句子的關鍵字，再點選搜尋按鈕，就會顯示相關的網站。

圖 4-7 是日本與全世界的搜尋引擎市佔率。單看日本現狀可以發現，網頁瀏覽器的市佔率與排名雖然會隨著終端裝置的不同而有所變動，但搜尋引擎卻沒有類似的現象，前三名為 **Google**、**Yahoo!**、**Bing**（Microsoft Bing）。只要購買了 Windows 電腦，啟動了 Microfsoft Edge 之後，就能使用 Bing 這個搜尋引擎。

支援搜尋引擎的重要性

如今網站已更能支援網頁瀏覽器的瀏覽，所以網站能否支援搜尋引擎也顯得更加重要。從網站製作人員或開發人員的角度來看，讓網站得以支援網頁瀏覽器這點固然重要，但從讓更多使用者瀏覽網站，以便創造商機的角度來看，**網站是否支援搜尋引擎反而顯得更加重要**（圖 4-8）。

若能為網站設計一些支援搜尋引擎的對策，就能讓更多使用者瀏覽網站。就經營商務網站而言，支援搜尋引擎的對策與吸引顧客的網頁設計或規格同等重要。電子商務的世界除了有設計師之外，還有 SEO（參考 **4-9**）這類非常重要的專家與職業。

圖 4-7

日本與全世界的搜尋引擎市佔率

日本的行動搜尋引擎市佔率（2021/1）

網頁瀏覽器	市佔率
Google	75.60%
Yahoo!	23.89%
Bing	0.20%
DuckDuckGo	0.14%
Baidu	0.10%
其他	0.07%

URL: https://gs.statcounter.com/search-engine-market-share/mobile/japan

全世界的行動搜尋引擎市佔率（2021/1）

網頁瀏覽器	市佔率
Google	95.08%
Baidu	1.45%
Yandex	0.98%
Yahoo!	0.78%
DuckDuckGo	0.52%
其他	1.19%

URL: https://gs.statcounter.com/search-engine-market-share/worldwide

※ DuckDuckGo 是在隱私權政策獲得好評的搜尋引擎，也可在智慧型手機安裝。

※ Baidu 為中國的搜尋引擎，Yandex 則是俄羅斯的搜尋引擎。

日本的電腦版搜尋引擎市佔率（2021/1）

網頁瀏覽器	市佔率
Google	73.66%
Yahoo!	13.74%
Bing	12.68%
DuckDuckGo	0.21%
Baidu	0.17%
其他	0.16%

URL: https://gs.statcounter.com/search-engine-market-share/desktop/japan

全世界的電腦版搜尋引擎市佔率（2021/1）

網頁瀏覽器	市佔率
Google	85.88%
Bing	6.84%
Yahoo!	2.74%
Sogou	0.95%
DuckDuckGo	0.90%
其他	2.69%

URL: https://gs.statcounter.com/search-engine-market-share/desktop/worldwide

※各家調查機構也有發表類似的調查結果，但本書介紹的是能在網路找到的 Statcounter 調查結果，僅供大家參考。

圖 4-8

網站製作與提升業績的觀點不同

針對不同的網頁瀏覽器提供編排精美的網頁
＜對對網站的製作與開發來說，是非常重要的觀點＞

Chrome 或 Microsoft Edge 這類網頁瀏覽器　　Safari 或 Chrome

● 要在主流的網頁瀏覽器顯示方便使用者瀏覽的頁面，
或是在使用者心中留下深刻印象的頁面。

利用 SEO 方案提升瀏覽率
＜電子商務的重要觀點＞

使用者搜尋資料　　　　搜尋結果

● 使用者會使用很多關鍵字搜尋，要盡可能讓網站排在搜尋結果的第一頁或前幾名。

● 以上面的例子來看，住在福岡附近的人可點選 XX 家具，住在國外或對清倉拍賣有興趣的人，會點選 YY 飯廳家具，至於想要具有獨特價值的家具，就點選 Century Table。

● 需要想辦法讓網站從搜尋結果脫穎而出。

Point

🖋 日本的搜尋引擎前三名分別是 Google、Yahoo!、Bing。

🖋 商務網站除了得具備精良的版面設計，還得盡可能支援搜尋引擎。

≫ 線上購物的成長

現在也持續成長的市場

網路技術之所以得以普及與進步，目前仍持續成長的線上購物市場可說是其中一個原因，現在應該很少人沒聽過 Amazon 或樂天。

Amazon.com 是於 1994 年創立，並在 2000 年的時候進入日本市場。足以代表日本的線上購物中心「樂天市場」則是於 1997 年創業，並在 2000 年公開發行股票。三大線上購物中心之一的 **Yahoo!** 奇摩購物中心則是於 1999 年開幕，但如前說明，線上購物**主要是從 2000 年左右開始發展**。

如圖 4-9 所示，Amazon 與樂天市場的用戶已經增加至 5000 萬人左右，樂天市場 2019 年度的日本線上購物營業額也增加至 3.9 兆日圓，相較於前一年增加了 13.4%，可見電子商務已成長為非常大的市場，而且**今後也將繼續成長**。

線上購物中心與電子商務網站的機制大同小異

目前的線上購物中心有 Amazon、樂天市場、Yahoo! 購物，而在這類地方開店時，雖然需要費用與審查，卻能使用這些購物中心的店面與專門的系統。

對於使用者來說，**不管是哪裡的線上購物中心還是電子商務網站，基本上都是大同小異**。為了能創立屬於自己的網站，早一步讓線上商店開幕，通常會使用專門的系統，基本上，輸入的項目都是相同的。

具體來說，這些線上購物中心都有店家的資訊以及各種商品，但商品的名稱、編號、照片、價格、庫存量，在輸入的順序以及版面編排都有一些不同，不過大致上差異不大（圖 4-10）。即使業者與線上購物的架構不同，但在線上購物中心開店的事前準備都差不多，這或許也是線上購物得以普及的理由。

圖4-9　日本三大線上購物中心的用戶

日本三大線上購物中心的用戶（2020/4）

線上購物中心	用戶數（千人）
Amazon	52,534
樂天市場	51,381
Yahoo! 奇摩購物中心	29,456

根據 Nielsen Digital 公司的調查

日本的線上購物中心排行榜？

業績排行榜、市佔率的順位雖然會隨著業務範圍而變更，但這三家肯定是市場前三強。

如果以獨立的電子商務網站來看，日本前五名的店家如下。

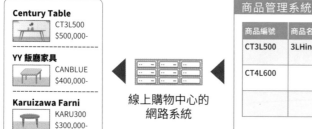

圖4-10　線上購物中心與電子商務網站的管理系統

Century Table
CT3L500
$500,000-
- - - - - - - - - - - - - -
YY 飯廳家具
CANBLUE
$400,000-
- - - - - - - - - - - - - -
Karuizawa Farni
KARU300
$300,000-

使用者

線上購物中心的
網路系統

商品管理系統

商品編號	商品名稱	商品圖片	價格	庫存數
CT3L500	3LHinoki		500,000	2
CT4L600				

● 線上購物中心的店面使用的商品管理系統，或是自家電子商務網站的商品管理系統的示意圖。
● OSS 的電子商務網站應用程式以 EC-CUBE 或 Welcart E-Commerce 最為有名

● 即使線上購物中心的業者或軟體不同，但要輸入的資料與項目都是大同小異。
● 明明各家的商品都不同，但仔細想一想，這種線上購物中心的機制真的很厲害。
● 要對商品不同的店家採用相同的方式管理應該很困難。

Point

✐ 線上購物中心差不多是在 2000 年左右成形，線上購物市場也持續成長中。

✐ 從店家來看，不管是線上購物中心還是自行建置電子商務網站，要輸入的資料與項目標準化這點很方便。

≫ 社群網站的應用

必須學會如何應用的工具

對於在企業負責行銷工作的人以及自營業的業者而言,除了經營自家的網站之外,**社群網站(Social Networking System)已經是不容忽視的工具**。社群網站是提供會員交流的服務,但有些企業或店家是以商業帳號註冊,藉此拓展客群。

現在的網站後台管理也會與 Twitter、Facebook、Instagram 建立關聯,只要輸入這些服務的帳號名稱就能立刻建立互動關係。有些量販店把 LINE 當成管理顧客或會員的匣道系統。由此可知,社群網站已是重要的行銷工具。圖 4-11 為各位整理了主流社群網站的使用者人數。

選用適當的服務

如果是有店面或辦公室,事業規模達一定程度的企業,善於經營社群網站會對業績帶來一定的貢獻,因為已經有一定的顧客群,不過,對於準備創業的人來說,就很難在短時間內看到效果,因為沒有既有的顧客群,而這點與經營網站的情況是一樣的。此外,也很難處理會員提供的資訊,或是找出會員的特性與特色,以及即時因應社群網站上的流行話題。

根據商品或服務特性,從多種社群網站之中找出適當的社群服務是非常重要的一環。比方說,是要透過文字說明商品與服務,還是要透過照片說明,或者是要透過口碑或推薦這些商品與服務?不同的商業型態與商品特性就要選擇不同的社群服務(圖 4-12)。

雖然拓展經營社群網站的視野很重要,但範圍太廣,就得花很多時間管理社群,而且也很耗成本,這些問題都需要特別注意。

圖4-11 主流社群網站的使用者人數與特徵

主流的社群網站

	Twitter	Facebook	Instagram	LINE	YouTube	TikTok
全世界每個月的使用者人數(億人)	3.4	27	10	1.7 (日本、台灣、泰國、印尼)	20	8
日本每個月的使用者人數與會員數(萬人)	4,500	2,600	3,300	8,600	6,200	950
於日本的特徵	●以年輕族群為主 ●轉推	●以中高年齡層為主 ●可與Instagram連動	●以年輕族群為主 ●女性偏多	●為日本龍頭 ●年齡層廣泛	分享影片	短影片

其他社群網站

	note	Linkedin	Pinterest	Snapchat	LIPS	Qiita
全世界每個月的使用者人數(億人)	—	7	4	2.5	—	—
日本每個月的使用者人數與會員數(萬人)	260	200	530	8,400	1,000	50
於日本的特徵	以貼文為主	以商業應用為主	分享圖片	圖片聊天	以美容、化妝品的內容為主	以工程師為主

※ 本表格參考 2021 年 1 月各家公司發表的資料製作。

圖4-12 根據商品與服務選擇社群服務的範例

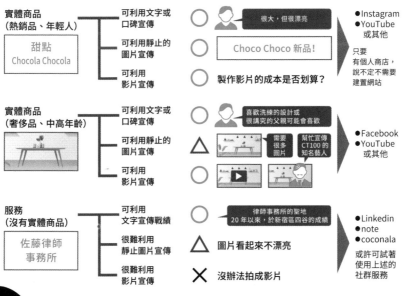

![Point]

✎ 經營事業的企業或個人已無法忽略社群網站。

✎ 必須根據商品或服務的特性選用社群服務，不能所有的社群服務都想使用。

≫ 社群網站的後台

站在管理者與開發者的角度觀察

被大家暱稱為 IG 的 Instagram 是以圖片為主的社群網站,也是與 Facebook 互動的平台。除了具有購物功能之外,還能連往外部的網站,所以對於某些行業、商品或服務是很方便好用的社群網站。

本節要特別介紹的兩項功能分別是 **Instagram 洞察報告**以及開發者工具。其他的主流社群網站也有這兩項功能,所以除了**從使用者、管理者或開發者了解這些功能,也可確認相關的工具與服務**。雖然要花點時間學習這兩項功能,但就算是不同的服務,本質上也都提供了相同的功能。

Instagram 洞悉報告與開發者工具

Instagram 洞悉報告是提供流量分析結果的服務,在智慧型手機打開 Instagram 這個應用程式,再從「個人檔案」畫面或各貼文圖片左下角的「查看洞察報告」,就能顯示貼文的洞察報告,例如可從圖 4-13 看到對貼文「按讚」的帳號數,以及說明這篇貼文有多少人看過的「觸及率」。

從電腦的開發人員工具也能在 Instagram 貼文。比方說,從 **2-8** 介紹的 Google Chrome 啟動 Instagram(圖 4-14)即可貼文,雖然貼文的時間會比使用智慧型手機來得更久,但可以利用開發人員工具微調貼文的照片,還能快速輸入文字。各種社群網站都有類似的工具可以使用,建議大家先了解這些工具再開始使用。(編注:2021 年底,Instagram 官方已經開放網頁版 Instagram 發佈圖片的功能,不再需要透過開發人員工具。)

圖 4-13

Instagram 的洞察報告

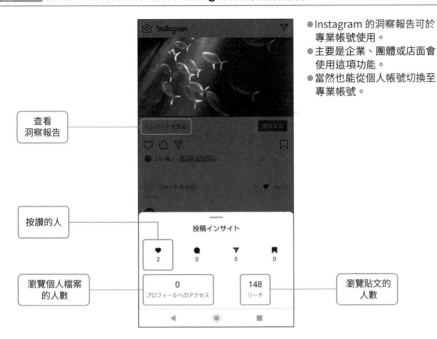

- Instagram 的洞察報告可於專業帳號使用。
- 主要是企業、團體或店面會使用這項功能。
- 當然也能從個人帳號切換至專業帳號。

查看洞察報告

按讚的人

投稿インサイト

瀏覽個人檔案的人數

瀏覽貼文的人數

圖 4-14

從 Google Chrome 貼文的範例

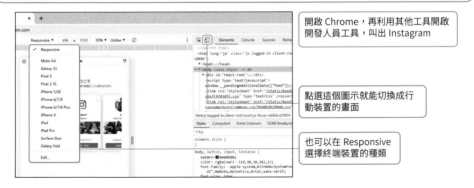

開啟 Chrome，再利用其他工具開啟開發人員工具，叫出 Instagram

點選這個圖示就能切換成行動裝置的畫面

也可以在 Responsive 選擇終端裝置的種類

第 4 章 社群網站的後台

Point

- 經營社群網站，除了要從使用者的角度經營，還要確認管理者或開發者專屬的工具或服務。
- 必須熟悉社群網站的工具或開發人員工具。

≫ 網路系統於企業的應用

最初是先從內部的系統開始

現在有許多大型企業的系統轉型為網路系統,也有越來越多中小型企業使用 SaaS(參考 **6-2**),所以除了無法轉型的系統,基本上現代已是網路系統的時代。雖然網路系統已經成為主流,但其實**網路系統於企業的應用是從 1990 年代後半開始的**。

從圖 4-15 可以發現,**網路系統一開始只是小型的資訊系統**。各部門會利用企業內部網路或透過網路在網頁瀏覽器輸入 Excel 的資料。若是中大型的公司還會有申請交通費、休假這類出勤系統。這些系統的共通之處在於只能處理特定業務,同一時間使用的使用者也不能太多。

進化為對外的系統

進入 2000 年之後,製造業的網路系統為了滿足調度零件、材料以及與顧客交易的需求,一步步**進化為對外的系統**。相較於出勤系統,企業的訂單系統必須要能隨時運作,而且單位時間內的使用者也比較多。如圖 2-22 所示,能透過固定的步驟以網路應用程式使用資料庫,第 9 章說明的分散負擔技術也已成熟(圖 4-16),企業之間的系統也因此以網路系統為主流。

在消費者方面,隨著線上購物的風潮興盛,音樂、遊戲與極少數的影音串流服務也開始上線,接著又與商務系統搭配,網路系統的雛型也於 2000 年正式形成。

圖4-15　　企業網路系統的普及

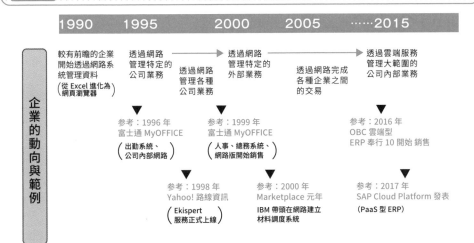

- 近 20 年來，企業開始將單機系統逐步轉型為網路系統（各系統開始支援網路）
- 這幾年來，開始轉型為雲端系統（一開始只是使用雲端伺服器的系統）

圖4-16　　企業網路系統普及的背景

企業網路系統普及的背景

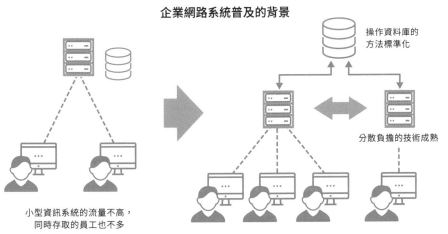

操作資料庫的
方法標準化

分散負擔的技術成熟

小型資訊系統的流量不高，
同時存取的員工也不多

許多員工會隨時存取基礎系統

Point

- 企業系統是從 1990 年代後半開始網路化，最初是從內部系統起步。
- 2000 年之後進化為對外的系統。到了現代，網路系統已無所不在。

>> 網路特有的職業

SEO 顧問的存在

2-2 曾提過，Web 是很重視外觀的系統，有時會邀請專任設計師參加開發與維護系統的團體，以網站設計為職業的網頁設計師就算是在科技業者，也是網路系統不可或缺的要角。甚至有專做網站圖示的設計師，由此可知網頁設計師的市場有多大，相關的需求也非常多元。

就開發系統的角度來看，網路系統的開發其實與其他系統的開發大同小異，不過最大的特徵在於完工的時間很短，若是中小型規模的網站，連同建置 AP 伺服器、DB 伺服器在內，通常得在一個月左右完工。也有許多網站開發公司以開發網路系統為主要業務。

除了網頁設計師之外，還有一種較特殊的職業，那就是負責規劃 **SEO**（Search Engine Optimization）方案的 **SEO 顧問**。

建置網站時的兩大課題

SEO 原本是讓網頁擠進搜尋結果前幾名的意思，但近年來，隨著社群網站或其他媒體越來越多，SEO 的涵義也越來越廣，**成為透過網站與其他媒體有效接觸目標客戶群的手法**。

話雖如此，SEO 的基本仍是讓網站擠進搜尋結果前幾名，或是在社群網站進行宣傳與施放連結。

業績不錯的企業或店家會重整網站或社群網站，正要開業的企業、店家或個人除了會開發與經營網路系統（各種系統都需要開發與經營），還得設計網站以及 SEO 方案。如圖 4-18 所示，重要的部分最好還是諮詢專家。

圖 4-17 網站開張之前的套裝服務

必須的網頁（首頁的範例）

後台系統

- 網路系統開發所需的頁面
  （首頁、商品、服務介紹、網站介紹、詢問、FAQ）
  通常會與後台系統一併建置
- 假設企業或店家手邊已經有網站的內容，網站通常會在一個月之內「快速完工」。如果只需建置網頁伺服器，可能不用一個月就能完工
- 設計、SEO、社群網站不一定包含在內
- 相關的專家大致包含網站的設計、開發與 SEO 這三種

圖 4-18 從使用者的角度觀察與專家的相處方式

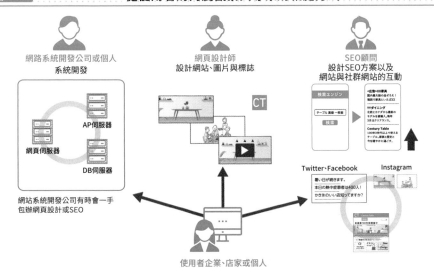

- 先找出自己能做與不能做的事，再將不能做的事外包
- 現今多半都是在網路環境下完成上述的工作，有時根本見不到這些專家

Point

✎ 網頁設計師或 SEO 顧問可説是網路特有的職業。

✎ 目前的 SEO 是指透過網站與其他媒體有效接觸目標客戶群的手法。

» 因 5G 而改變的網路世界

影片與傳輸大量資料

對於關心網路技術發展的人來說，對 5G（5th Generation：**5G 行動通訊系統**）必須有基本的了解。若說 5G 與 4G 有什麼不同，當然就是**通訊速度有明顯的差異。**

圖 4-19 是各種通訊速度下載資料所需的時間，其中說明了 2G 到 5G 的最高通訊速度的理論值。最明顯的特徵在於速度為 100Mbps 的 4G 需要 10 分鐘才能下載的檔案，速度達 20Gbps 的 5G 只需要 3 秒就能下載完畢。

5G 的應用方式已經過許多實驗驗證，大部分的實驗都是一邊傳輸影片，一邊進行某些判斷或處理。這些實驗結果告訴我們，5G 的主要用途在於「影片」與「傳輸大量資料」。

進化快速的網路世界

最先受益於 5G 的終端裝置為智慧型手機。只要支援 5G 的網路機器或產品越來越多，5G 就有可能於企業或團體的區域網路普及。如圖 4-20 所示，雲端服務業者或少數大型企業的內部網站已開始支援傳輸速度為數十 Gbps 的區域網路。5G 的普及也一定會如過去的技術一樣，讓通訊變得更快速。

當 5G 普及，網站就能顯示之前無法顯示的高解析度圖片或是插圖。 到目前為止，我們早已習慣使用低解析度圖片建置的網頁，但今後這些網頁將開始使用高解析度的影像與圖片，網路世界也將煥然一新，而且已經有不少網站的首頁開始進化。

我們也該開始研究，準備迎接 5G 的未來。

圖4-19　　　　　　　　各世代的通訊速度與高速化

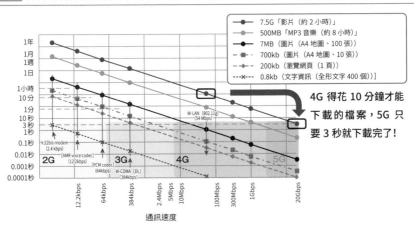

4G 得花 10 分鐘才能下載的檔案，5G 只要 3 秒就下載完了！

圖4-20　　　　　　　　已經轉型為高速 5G 的網站

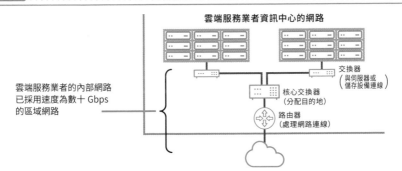

【目前的網站】　　　　　　　　【5G 時代的網站】

●將就現行的區域網路與 4G 的低解析度圖片

●能瀏覽電影或 4K 高畫質的影像
●觀眾絕對比較喜歡這邊的頁面！

Point

🖉5G 的通訊速度遠高於前幾代的技術。

🖉5G 普及之後，現有的網站很可能將大幅更新。

小 試 身 手

試著使用開發人員工具

第 2 章與第 4 章都是利用開發人員工具，觀察網頁的後台以及各種資料的處理。
這次的「小試身手」則要帶著大家實際操作 Microsoft Edge 或 Google Chrome
的開發人員工具。操作方式其實非常簡單。

於開發人員工具的 Network 頁籤測量回應時間

下列是 Windows 電腦的範例。

- **Microsoft Edge**

  點選設定符號「⋯」→「更多工具」→「開發人員工具」

- **Google Chrome**

  點選 Google Chrome 的設定（⋯）→「更多工具」→「開發人員工具」

上述的開發人員工具都可按下「F12」開啟。點選 Network 頁籤之後，載入要觀
察的頁面。

Microsoft Edge 的畫面   Google Chrome 的畫面

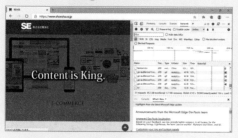 

上述是按下 Ctrl+R 重新載入的畫面。可以發現回應時間都是 2.1 秒左右。大家
有興趣的話，請試著測試其他網站的回應時間。

與 Web 不同的系統

～未於 web 出現，無法在 web 出現的系統～

第 **5** 章

» 無法轉型為 Web 的系統

與 Web 不同的系統

到目前為止說明了 Web 技術的概要。

目前已有許多使用 Web 技術建置的資訊系統，但仍有**無法採用 Web 技術轉型的系統或是本來就不適合轉型的系統**（圖 5-1）。

本章要透過無法轉型為 Web 系統的系統進一步了解 Web 技術。

無法轉型為 Web 的系統與非 Web 系統都是哪些系統呢？

小規模的本地系統

首先要提的就是規模較小、使用者不多的部門內部的**本地系統**。所謂的本地系統是指自家公司擁有通訊機器這類資產，自行於公司內部建置與管理的系統。

無法轉型為 Web 的本地系統通常就是無法與外部網路連線的系統。具有網路連線能力的系統可讓使用者從不同的場所或網路連線，而本地系統則是不需要這類方便性的系統，因此這類系統今後也不會轉型為 Web 系統（圖 5-2）。

話說回來，規模較大或是得連上外部網路的系統又該當何論呢？一如後面的說明，系統的規模與是否要轉型為 Web 系統一點關係也沒有，**與其說是不必要與外部網路連線，不如說是這種系統較適合使用內部的封閉網路。**

圖5-1 ┄┄┄┄ 網路系統於資訊系統的重要性

現在已有許多系統轉型為 Web 系統。
或許大家會覺得所有系統都能透過網路或雲端服務使用，
但其實仍有一些系統無法轉型，甚至不適合轉型為 Web 系統。

全世界的資訊系統

（無法使用網路的系統）

網路＝Web＋電子郵件
（具有網路連線功能的系統）

本章要透過這類系統進一步了解網路系統

圖5-2 ┄┄┄┄ 不適合轉型為 Web 的系統的定位

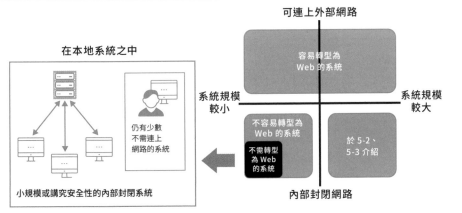

在本地系統之中

仍有少數
不需連上
網路的系統

小規模或講究安全性的內部封閉系統

可連上外部網路

容易轉型為
Web 的系統

系統規模
較小

系統規模
較大

不容易轉型為
Web 的系統

不需轉型
為 Web
的系統

於 5-2、
5-3 介紹

內部封閉網路

例 ： 保存公司機密資料的系統
　　（人事、客戶名單、專利）就是其中一種

Point

∥要了解網路系統可觀察無法轉型為 Web 的系統。

∥少數不需要與外部網路連線的小型系統，或內部網路封閉系統，都不需要轉型為
Web 系統。

≫ 無法停止運作的系統①

公共運輸系統

現在已是能透過網路預約公共運輸系統座位的時代,而且就算沒有拿到實體車票也能搭車。

不過,在後台管理這些電車或飛機的系統通常都是在**各家公司自行建置的封閉網路之中運作**。若車站或航空發送給管制室的資訊有些許延遲,就會影響所有的班次,所以這類系統不能改成網路連線的型態(圖5-3)。

此外,我們習以為常的自動驗票閘門可利用自動驗票機或 IC 卡完成一定程度的處理之外,這類系統也已經模組化,所以有部分處理可透過網路通訊完成。

電力公司的系統

管理電力公司發電廠的系統雖與鐵路公司的系統不同,但是都具有專用的網路。

假設發電廠發生問題,結果因為網路延遲或通訊故障導致訊息無法傳出,停電的時間與頻率就會增加,所以這類系統也很難轉型為 Web 系統(圖5-4)。

這些社會基礎建設的系統必須全年無休地運作,所以過去都稱這類系統為「關鍵任務系統」。這些非常重要的系統都有一些相同之處,例如,這些系統都有一些相同的業務,而且使用者能容忍的回應時間延遲都非常短。

圖 5-3　鐵路公司的系統

鐵路運行管理系統

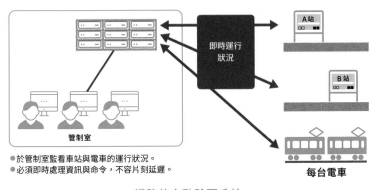

- 於管制室監看車站與電車的運行狀況。
- 必須即時處理資訊與命令，不容片刻延遲。

鐵路的自動驗票系統

- IC 卡一放上自動驗票機，幾秒之內將資料寫進 IC 卡，並且定期與伺服器交換資料。
- 自動驗票機、車站、各據點的伺服器、資料中心的伺服器這些系統都已模組化，所以也不是不能連上網路。

圖 5-4　電力公司的系統

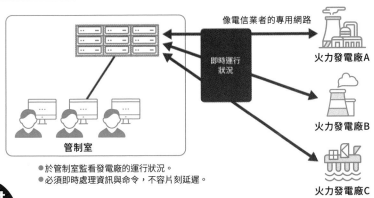

- 於管制室監看發電廠的運行狀況。
- 必須即時處理資訊與命令，不容片刻延遲。

Point

🖉 鐵路公司與電力公司都擁有穩健的專用網路。

🖉 社會基礎建設的系統很難轉型為 Web 系統，因為這類系統通常得全天候運作，而且回應時間必須非常短。

≫ 無法停止運作的系統②

銀行交易系統

5-2 提到鐵路公司或電力公司的系統很難轉型為 Web 系統，但其實我們身邊還有很難轉型的系統。

比方說銀行這類金融機構的系統，與社會基礎建設的系統一樣，都屬於關鍵任務系統。

我們平常都能在 **ATM** 正常的提款，不需要等待太多時間，而這一切之所以能正常運作，都是因為 ATM 這類機器位於專用網路之中（圖 5-5）。不管是個人的生活還是法人的業務，都必須避免無法調度資金的問題發生，因為當支票無法兌現就會跳票，之後就很難與所有金融機關往來，不過這類情況已經越來越少見。此外，當銀行的交易系統停止運作，很可能會對商界帶來莫大影響，有些公司甚至會因此倒閉。最近有不少人或是公司都透過網路匯款或買賣外幣，**只要是與現金流動有關的系統，就必須是全天候運作的系統。**

持續雲端化的醫療

公共運輸系統、社會基礎建設、金融系統與醫療相關系統都是必須全天候運作的系統。

醫院的電子病歷系統是最重要的系統，其重要性相當於產業界的 ERP。醫師會透過電腦與電子病歷系統連線，根據系統裡的病歷替患者看病，也會透過這套系統處理醫院的業務。這類系統目前已有**部分功能轉型為雲端架構**（圖 5-6）。

或許大家會覺得「為什麼電子病歷要雲端化？」，理由在於電子病歷系統不需要即時回應，醫院也沒有電子病歷系統專用的網路。換言之，能否轉型為 Web 系統的關鍵在於回應時間的長短以及是否具備專用網路。

圖 5-5　假設銀行的系統停止運作

假設銀行的系統停止運作或不穩定的話……

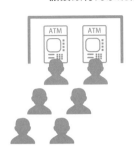

票據交換所

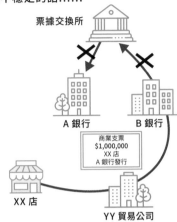

A 銀行　　B 銀行

商業支票
$1,000,000
XX 店
A 銀行發行

XX 店

YY 貿易公司

- 無法順利地從 ATM 提款與存款。
- 無法提款，有些人就無法生活。
- ATM 或是銀行交易管理系統都稱為「會計類」系統。
- 網路銀行這類與現金無關的交易雖然持續轉型為 Web 系統，但直接與現金有關的系統目前還是很難轉型。

- 開支票的一方會被視為跳票，收支票的一方則無法收到資金。
- 公司有可能會因此倒閉。

圖 5-6　醫院的電子病歷系統

醫院的電子病歷系統　　　　　　　　雲端化的電子病歷系統

院內的區域網路

看診　　　　　　會計　　　　　　　　看診　　　　　　會計

- 患者的看診動線會與電子病歷系統連動。
- 雖然大部分的人都不知道，但電子病歷系統的重要性與產業界的 ERP 一樣重要。

- 回應時間不需要太快。
- 因為沒有專用網路，所以只要能顧及安全性，就能雲端化。
- 中型醫院的電子病歷系統已逐步雲端化。

Point

- 與現金有關的銀行系統一旦停止運作就會無法提款或存款，所以很難轉型為 Web 系統。
- 電子病歷系統在醫療領域之中，是最重要的業務系統，目前也慢慢地轉型為雲端架構。

» 現存系統難以雲端化的原因

雲端伺服器是虛擬伺服器

要讓現有的系統轉型為 Web 系統，最快的方式就是將系統移植到整備完善的雲端環境，但此時會遇到的障礙就是雲端服務提供的伺服器通常是虛擬伺服器。虛擬伺服器又稱 Virtual Machine（VM）。

若以實體伺服器為例，虛擬伺服器就是以虛擬的方式在一台伺服器之中建置多台伺服器的功能（圖 5-7）。在實體伺服器安裝虛擬環境專用的軟體就能建置虛擬伺服器，但雲端服務還是主機代管服務的使用者，通常都很難察覺自己使用的是虛擬伺服器。

確認是否為虛擬環境

VMWare、Hyper-V、OSS（開源軟體）的 Xen、KVM 都是非常有名的虛擬環境軟體。雖然也可在實體伺服器建置虛擬伺服器，但從圖 5-8 可以發現，在虛擬環境軟體建置虛擬伺服器比較簡單，而且還能透過監控軟體監控多台伺服器的運作狀況。

目前已有不少企業或團體的系統採用虛擬伺服器，但也有許多老舊的系統尚未移植到虛擬環境。

雲端服務業者或大量提供主機代管服務的網路供應商都因為有虛擬伺服器，才能有效率地維護伺服器。

需要更新的系統通常都是老舊的系統，所以**得確認這些系統是否已移植到虛擬環境**。假設已移植到虛擬環境，又採用同一套虛擬環境軟體，就能更有效率地移植至雲端服務或主機代管服務。

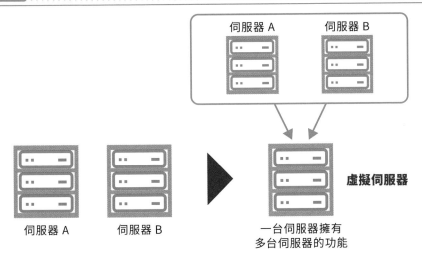

圖 5-7　虛擬伺服器的概要

伺服器 A　　伺服器 B

虛擬伺服器

伺服器 A　　伺服器 B　　一台伺服器擁有
多台伺服器的功能

圖 5-8　虛擬伺服器的外觀

Hyper-V 管理者畫面

這是在 1 台實體伺服器建置 business process A、B、hadoop #0 ～ #3，
共 6 台虛擬伺服器。

Point

🖉 雲端服務與主機代管服務通常是以虛擬伺服器提供服務。

🖉 要讓既有的系統雲端化，必須先確認是否已虛擬化。

» 與 Web 高度相容的電子郵件伺服器

負責發送電子郵件的功能或伺服器

如 **1-10** 所介紹的，電子郵件這項機制雖然不屬於 Web 的範圍，卻因為與 Web 高度相容而常常一起使用，所以在此為大家簡單地介紹一下電子郵件這項機制。電子郵件的發送與接收使用了不同的通訊協定，所以有時會依照功能的不同而另外建置伺服器。

首先要介紹的是**傳送電子郵件的 SMTP**（Simple Mail Transfer Protocol）伺服器，這種伺服器會使用傳送電子郵件的通訊協定。如圖 5-9 所示，傳送電子郵件的流程是從利用電子郵件軟體將電子郵件的資料，傳送給用來傳送電子郵件的 SMTP 伺服器開始。

SMTP 伺服器會確認接在電子郵件信箱的 @ 後面的網域名稱，再向 DNS 伺服器詢問 IP 位址，確認 IP 位址沒有問題後再寄出電子郵件。

負責接收電子郵件的功能或伺服器

負責接收電子郵件的是 **POP3**（Post Office Protocol Version3）伺服器，這種伺服器會使用接收電子郵件的通訊協定。如圖 5-10 所示，SMTP 伺服器這端設有傳送與接收信件的伺服器，電子郵件資料會從發送端的 SMTP 伺服器傳送到接收端的 SMTP 伺服器，而使用者則是利用 POP3 伺服器從接收端的 SMTP 伺服器接收電子郵件。假設 SMTP 伺服器接收到傳送命令，就會將資料傳送給另一端的 SMTP 伺服器，但 POP3 伺服器則是以電子郵件軟體設定的頻率，定期進行確認電子郵件的處理。

有時 SMTP 與 POP3 的伺服器是分開的，但**系統的規模不大時，這兩者通常會與網頁伺服器放在同一台伺服器機器裡**。

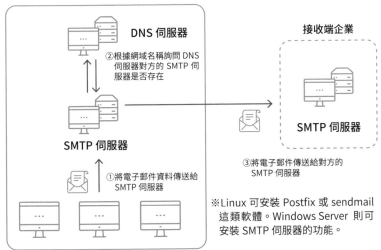

圖5-9 SMTP 伺服器的概要

發送端企業

DNS 伺服器

②根據網域名稱詢問 DNS 伺服器對方的 SMTP 伺服器是否存在

接收端企業

SMTP 伺服器

SMTP 伺服器

③將電子郵件傳送給對方的 SMTP 伺服器

①將電子郵件資料傳送給 SMTP 伺服器

※Linux 可安裝 Postfix 或 sendmail 這類軟體。Windows Server 則可安裝 SMTP 伺服器的功能。

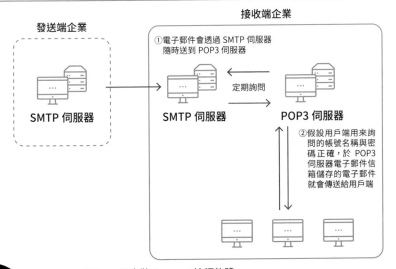

圖5-10 POP3 伺服器的概要

接收端企業

①電子郵件會透過 SMTP 伺服器隨時送到 POP3 伺服器

發送端企業

SMTP 伺服器

SMTP 伺服器

定期詢問

POP3 伺服器

②假設用戶端用來詢問的帳號名稱與密碼正確,於 POP3 伺服器電子郵件信箱儲存的電子郵件就會傳送給用戶端

※Linux 可安裝 Dovecot 這類軟體。

Point

✎ 負責發送電子郵件的是 SMTP 伺服器或類似的功能,負責接收電子郵件的通常是 POP3 伺服器。

✎ 小規模的系統通常會將電子郵件功能放在網頁伺服器裡面。

≫ 網際網路以外的網路

企業與團體的網路的基本知識

大部分的企業或團體都會使用網路,但內部網路基本上都屬於 **LAN**(Local Area Network),而據點之間的通訊網路則使用由電信業者提供的 **WAN**(Wid Area Network)。企業的內部網路就是由 LAN 與 WAN 組成(圖 5-11)。

一如前面所介紹的,企業與團體可分成三種類型,一種是在建置了內部網路之後,希望所有的系統都轉型為 Web 系統或雲端架構,一種是將部分的系統轉型為雲端系統,另一種則是沒必要如此轉型的類型。

不管是哪種類型,都會使用 LAN 與 WAN 以及網路上的服務。WAN 通常是固網服務,員工利用 VPN(Virtual Private Network)從外部連線的情況也越來越常見。以全世界的資訊系統而言,目前以有線或無線的 LAN 為主的系統仍然佔多數。

LAN 得以留存的理由

LAN 得以留存的理由之一,就是各種系統的伺服器以及與伺服器連線的網路機器,都是以有線的 LAN 連線(圖 5-12)。從資料傳輸品質以及安全性的觀點來看,LAN 也是理所當然的選擇之一,但也因為這樣導致伺服器無法移至外部。

如第 3 章後半段的介紹,要在雲端建置新系統的伺服器比在本地系統建置容易,但是要將既有的整套系統移植到網路上卻沒有那麼簡單,這點在 **5-4** 也已經說明過。雖然系統網路化與雲端化的進展發常快,但除了關鍵任務系統之外,**所有的系統還需要一段時間才能完全移植到網路上**。

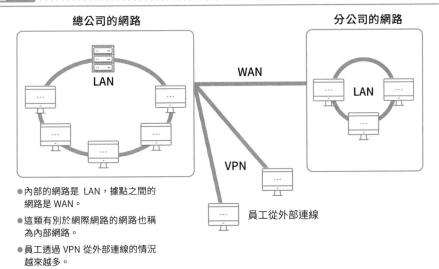

圖5-11 ⋯⋯⋯⋯⋯⋯⋯⋯ **LAN 與 WAN 的範例**

總公司的網路

LAN

WAN

分公司的網路

LAN

VPN

員工從外部連線

● 內部的網路是 LAN，據點之間的網路是 WAN。

● 這類有別於網際網路的網路也稱為內部網路。

● 員工透過 VPN 從外部連線的情況越來越多。

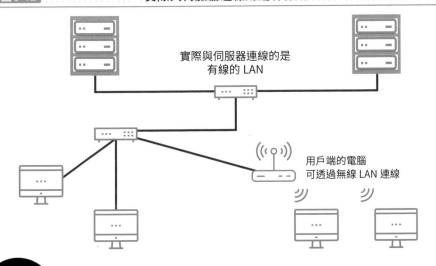

圖5-12 ⋯⋯⋯⋯⋯⋯⋯⋯ **實際與伺服器連線的是有線的 LAN**

實際與伺服器連線的是有線的 LAN

用戶端的電腦可透過無線 LAN 連線

Point

✎ 企業或團體的網路基本上是 LAN 與 WAN。

✎ 雖然企業的系統不斷地網路化與雲端化，但還是有一些系統留在封閉的內部網路之中。

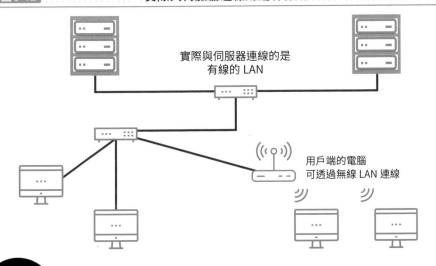

第 **5** 章

網際網路以外的網路

» 伺服器的功能差異

辦公室的伺服器通常是檔案伺服器

本書在第 3 章的後半說明了網頁伺服器的建置方式。安裝各種軟體之後,重新啟動網頁伺服器會發現有很多種功能,但網頁伺服器在各種伺服器之中,算是特別的一種。

以平常在辦公室使用的檔案伺服器來看,假設用戶端電腦是 Windows 系統,伺服器是 Windows Server,此時就必須安裝**「檔案伺服器」**與**「檔案伺服器資源管理」**這兩項軟體功能。假設伺服器是 Linux 系統,則必須安裝 **Samba** 這項功能(圖 5-13)。

這些檔案伺服器的功能通常多是以用戶端為 Windows 電腦,而且位於某個工作群組的 Windows 網路為前提,網路的連線方式也是以 LAN 為前提。

別將內部的系統放在網頁伺服器

相對地,網頁伺服器的功能在於讓使用者透過網路瀏覽上傳至網頁伺服器的內容,所以有部分功能是完全不同的系統。此外,**網頁伺服器可接受來自多種外部終端裝置連線,所以基本上不會將那些透過內部網路分享的業務檔案放在網頁伺服器,也不會在網頁伺服器安裝檔案伺服器的功能**(圖 5-14)。

在辦公室廣泛使用的檔案伺服器與各種業務系統雖然都會放在同一個網路環境,但網頁伺服器與檔案伺服器或業務系統扮演著完全不同的角色,也提供了特殊的價值。

圖 5-13　　　　　　　　**Windows Server 的檔案伺服器與 Samba**

Windows Server 的「選擇伺服器的功能」

在 Linux（CentOS）安裝 Samba 的畫面

Windows Server 的檔案伺服器

各種設定都於
檔案伺服器資源管理進行

Linux 的檔案伺服器

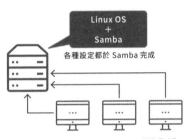

各種設定都於 Samba 完成

其他還有電子郵件服務這類功能，若以 Windows 為例，這項功能內建於訊息平台 ExchangeServer，Linux 的這項功能則是需要在 SMTP 伺服器安裝 Postfix 或 Sendmail，並在 POP3/IMAP 伺服器安裝 Dovecot，完成相關設定才能使用。

圖 5-14　　　　　　　　**外部與內部的系統是不同的**

網頁伺服器（向外開放的系統）

● 由於網頁伺服器會接收來自外部終端裝置的連線，所以不會把內部分享的檔案或系統放在網頁伺服器。
● 偶爾會安裝 FTP 或電子郵件功能。

網頁伺服器的功能

FTP 伺服器的功能

電子郵件伺服器的功能

檔案伺服器（向內開放的系統）

檔案伺服器只接收來自內部終端裝置的連線，所以通常會把業務系統放在檔案伺服器裡面。

檔案伺服器的功能

業務系統 A

業務系統 B

Point

∅ 建置檔案伺服器時，若打算使用 Windows Server，必須追加檔案伺服器的功能，Linux 則需要安裝 Samba。

∅ 網頁伺服器會接收來自外部的終端裝置連線，所以內部專用的檔案伺服器或業務系統不會放在網頁伺服器裡面。

小試身手

ping 命令

ping 命令是在業務系統或 Web 常用的命令，主要是從終端裝置確認另一端的裝置（此為網頁伺服器）是否連線。若以業務系統為例，會利用 ping 命令確認是否與伺服器連線。這項命令可於 Windows PC 與 Linux 的終端裝置使用，有機會請大家使用看看。若是 Windows 電腦，則需在命令提示字元模式下執行。

ping 命令執行之後的畫面

這個範例是於 ping 命令後面輸入 IP 位址。

左側為 Windows 電腦的畫面，右側為 Linux 電腦的畫面。雖然內容有些不同，但大致上都能取得相同的資訊。

在 Windows 執行 ping 命令的畫面　　**在 Linux 執行 ping 命令的畫面**

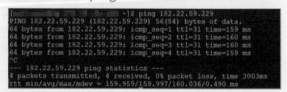

即使直接在 ping 命令輸入網域名稱，也會得到相同的結果。之前曾在第 3 章的「小試身手」使用 nslookup 命令取得 IP 位址，大家可試著在 ping 命令後面輸入這些 IP 位址。

除了 ping 命令之外，網路相關命令還有很多種，例如 ipconfig（Windows 電腦的命令，Linux 的是 ifconfig）、tracert（Windows 電腦的命令，Linux 的是 traceroute）、arp（Windows 與 Linux 相同）。

第 6 章

與雲端之間的關係

~了解現行 Web 系統的基本架構~

雲端的概要與特徵

何謂雲端？

雲端是雲端運算的簡稱，是一種**透過網路使用資訊系統或伺服器、網路資源的型態**。近年來，越來越多透過雲端提供 Web 系統的例子。

雲端是由提供雲端服務的業者以及使用相關服務的企業、團體與個人所組成，通常會以代表網路的雲朵符號標記（圖 6-1）。

雲端服務的特徵

如圖 6-2 所示，雲端服務具有多項特徵，與 Web 的系統或服務高度相容。

❶應用層面的特徵

- 以量計價

  依照使用系統的時間或用量計算費用。

- 可隨時調整用量

  可視情況隨時調整用量。

❷資通機器與系統的特徵

- 資通機器與相關設備都由雲端業者保有。
- 機器與設備都由雲端業者維護。
- 安全性策略完善以及支援多元通訊方式。

3-9 之後的章節曾提到在建置網頁伺服器或系統時，主機代管伺服器與雲端服務的差異。由於有❶與❷的特徵，所以雲端服務**很適合日後需要隨時調整的服務或系統使用**。

圖 6-1　　雲端的登場人物

雲端

雲端業者

系統管理者

終端使用者

企業、團體

終端使用者

個人

本地系統

系統管理者

維護人員

維護負責人（主要是製造商）

終端使用者

企業、團體

● 雖然這張圖沒有列出來，不過還有建置系統的設計者與開發者。

● 本地系統的登場人物遠比雲端服務來得多。

圖 6-2　　雲端服務的特徵

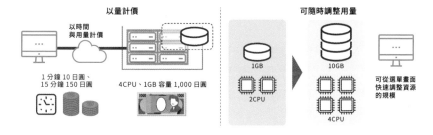

以量計價

以時間與用量計價

1 分鐘 10 日圓、15 分鐘 150 日圓

4CPU、1GB 容量 1,000 日圓

可隨時調整用量

1GB　　10GB

2CPU　　4CPU

可從選單畫面快速調整資源的規模

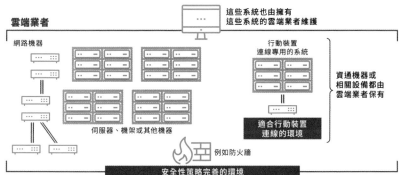

這些系統也由擁有這些系統的雲端業者維護

雲端業者

網路機器

行動裝置連線專用的系統

資通機器或相關設備都由雲端業者保有

伺服器、機架或其他機器

適合行動裝置連線的環境

例如防火牆

安全性策略完善的環境

安全性策略完善以及支援多元通訊方式

Point

✍ 雲端是一種透過網路使用資訊系統或伺服器、網路資源的型態。

✍ 由於具備彈性調整用量、安全性策略完善、支援多元通訊方式這些特徵，所以很適合日後必須不斷調整資源規模的服務或系統使用。

» 雲端服務的分類

雲端的三種主要服務

現在的雲端可提供所有的資訊與通訊的資源，服務也漸趨多元化，企業與團體可以只使用難以自行建置的部分，但在此要重新為大家介紹雲端的三種主要服務（圖 6-3）。

- **IaaS（Infrastructure as a Service）**
  業者負責建置伺服器、網路機器與提供 OS，中介軟體、開發環境與應用程式則由使用者安裝。

- **PaaS（Platform as a Service）**
  在 IaaS 的基礎上，另外安裝中介軟體與應用程式的開發環境。網路供應商的租用伺服器就是專為 Web 系統設計的 IaaS 或 PaaS。

- **SaaS（Software as a Service）**
  使用者使用應用程式與相關功能，也負責設定與變更應用程式。

雲端原生環境的登場

包含網站的網路應用程式或系統可選擇 IaaS 或 PaaS，不過隨著雲端原生環境這種在**雲端環境開發系統，直接維護系統的型態增加**，越來越多人選擇 PaaS 這種型態（圖 6-4）。

IaaS 或 PaaS 屬於業界特有的稱呼，大部分的雲端業者會同時提供這兩種服務。

圖6-3　**IaaS、PaaS、SaaS 的關係**

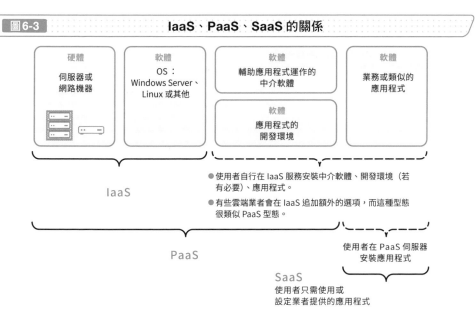

| 硬體
伺服器或
網路機器 | 軟體
OS：
Windows Server、
Linux 或其他 | 軟體
輔助應用程式運作的
中介軟體 | 軟體
業務或類似的
應用程式 |

軟體
應用程式的
開發環境

IaaS

- 使用者自行在 IaaS 服務安裝中介軟體、開發環境（若有必要）、應用程式。
- 有些雲端業者會在 IaaS 追加額外的選項，而這種型態很類似 PaaS 型態。

PaaS

使用者在 PaaS 伺服器安裝應用程式

SaaS
使用者只需使用或設定業者提供的應用程式

圖6-4　**在雲端原生環境開發系統**

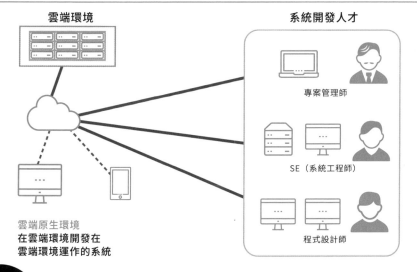

雲端環境

雲端原生環境
在雲端環境開發在雲端環境運作的系統

系統開發人才

專案管理師

SE（系統工程師）

程式設計師

Point

✏ 可從 IaaS、PaaS、SaaS 的觀點觀察打算使用或正在使用的服務。

✏ 思考能否在雲端環境開發與維護系統。

» 雲端的兩大潮流

若提到雲端就會想到混合雲

大部分提到雲端服務的時候，通常都是指混合雲這種型態。

混合雲是一種對不特定的企業、團體或個人提供的雲端服務，最具代表性的就是亞馬遜的 AWS、微軟的 Azure 以及 Google 的 GCP。

混合雲的特徵在於成本效益以及搶先使用最新技術這點，但使用者使用的伺服器會位於整個系統之中最適合的 CPU、記憶體、磁碟的位置，所以使用者不會知道自己租用的是哪台伺服器（圖 6-5）。

私有雲與網路系統

相對地，為了自家公司提供雲端服務，或是在資料中心建置自家公司專用的雲端服務就稱為私有雲。若採用的是私有雲的型態，就能掌握哪個系統使用了哪個伺服器（圖 6-6）。

雖然雲端服務的市場每年都在擴大，但近年來，私有雲的需求也越來越多。

若從目前的趨勢來看，**只要是為了公司內部的員工或客戶這類特定使用者開發的網路系統，通常會傾向以私有雲的方式提供**，但如果是要開放給不特定多數的使用者使用，或是常需調整系統資源，就還是會選擇混合雲的型態。

雲端服務與主機代管服務的分水嶺，在於提供的服務或系統有不同的模式與規模。

圖6-5　　若採用混合雲的型態，無法得知租用的伺服器位於何處

雲端業者

在雲端資料中心的伺服器群之中，一定有一台提供使用者使用的實體伺服器。

使用者雖然不知道自己使用的伺服器位於何處，卻能經濟實惠地使用伺服器，還能隨時使用最新的技術。

使用者

使用者可自行決定要使用哪個地區（region）、地點（可用區域）的伺服器。

例）東日本地區的東京可用區域

圖6-6　　　　　　　　　私有雲的特徵

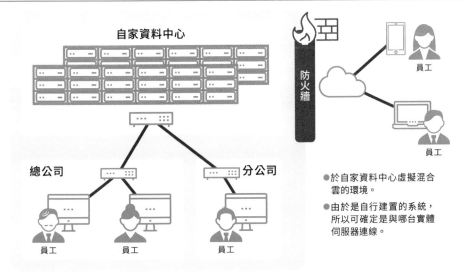

自家資料中心

防火牆

員工

員工

總公司　　　　　　　　　　　　分公司

員工　　　　員工　　　　員工

● 於自家資料中心虛擬混合雲的環境。
● 由於是自行建置的系統，所以可確定是與哪台實體伺服器連線。

Point

∅ 說到雲端服務通常是指混合雲。

∅ 私有雲的例子越來越多，適合開放給特定使用者的網路系統使用。

» 虛擬私有雲

在混合雲建置私有雲

本書在 **6-3** 為大家介紹了混合雲與私有雲。

其實也有在混合雲建置私有雲的服務,這種服務就稱為 **VPC**(Virtual Private Cloud)。

由自家公司建置與管理的資料中心是實際存在的據點,但以 VPC 型態建置的私有雲中心卻是虛擬的資料中心(圖 6-7)。

VPC 通常會用來統整、維護與管理可轉型為多個雲端環境的系統或網路系統,有時候也會在建置私有雲之前使用。

目前有越來越多規模較大的網路系統會建置於 VPC。

建置網路系統的位置

於雲端業者的資料中心建置的 VPC 網路與自家公司的網路,通常會以 VPN 或專用線路連線。位於 VPC 的虛擬伺服器或網路機器都可以指派私有的 IP 位址,就像是自家公司的據點之間,透過指定 IP 存取的方式連線。

綜上所述,網路系統的實際位置可以是網路供應商資料中心的租用伺服器,也可以是混合雲的服務或 VPC,當然也可以是資料中心業者、自家的資料中心或私有雲的伺服器(圖 6-8)。

圖 6-7　　　　　　　　　　　　　　　　　　**VPC 的概要**

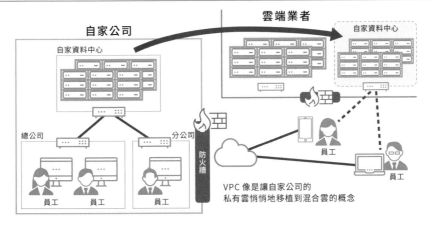

雲端業者

自家公司

自家資料中心

自家資料中心

總公司　　　　　　　分公司

員工　　員工　　　　員工

防火牆

VPC 像是讓自家公司的
私有雲悄悄地移植到混合雲的概念

員工

員工

圖 6-8　　　　　　　　　　　　　　　　　　**網路系統的位置**

使用網路供應商的租用伺服器或是混合雲

自家資料中心或
私有雲環境

位於混合雲的 VPC 或是
資料中心業者的伺服器

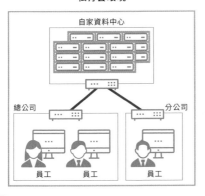

自家資料中心

總公司　　　　　　分公司

員工　　員工　　　　員工

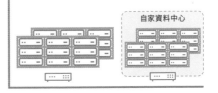

自家資料中心

Point

∅除了混合雲與私有雲之外，還有 VPC 這個選項。

∅網路系統的位置非常多元，可根據其他系統的位置決定要於何處建置。

》 雲端業者的概要

雲端業者的四種分類

在雲端業者之中，亞馬遜、微軟、Google 算是世界級的巨型供應商，但這些雲端業者都有自己的特色。緊追在這些巨型供應商身後的日本業者有富士通、IBM，但這些企業也是巨型供應商的協力廠商（圖 6-9）。

如圖 6-10 所示，雲端業者可依照事業背景，以及是將重心放在混合雲還是私有雲分成四大類。

- 三大巨型供應商：具有處理超大規模的網路事業與個人資料的經驗。
- 大型科技公司與資料中心：以開源碼程式提供服務，具有建置大型系統的經驗，以及在雲端服務普及之前，建置資料中心的經驗。
- 電信業者：以電信業者原有的基礎提供服務。
- 網路供應商：利用網路供應商的經驗提供別具特色的服務，再跨足雲端服務的市場。

有些業者則是在國外或某種特定行業佔有市場。

選擇雲端服務業者

要於網路系統使用雲端服務時，必須根據想提供的服務或系統的功能，選擇使用混合雲或是私有雲，也要考慮雲端服務業者提供的服務是否合適。

此外，若想進一步了解雲端服務，最好試著學習正慢慢瓜分市場的 AWS 與 Azure，或是以 OSS 為雲端服務基礎架構的 OpenStack。

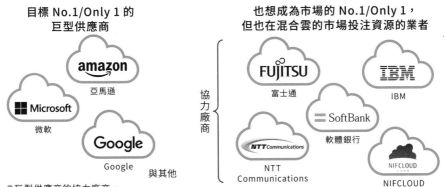

圖 6-9　巨型供應商與其他主要的雲端服務業者

目標 No.1/Only 1 的
巨型供應商

也想成為市場的 No.1/Only 1，
但也在混合雲的市場投注資源的業者

amazon
亞馬遜

Microsoft
微軟

Google
與其他

協力廠商

FUJITSU
富士通

IBM
IBM

SoftBank
軟體銀行

NTT Communications
NTT
Communications

NIFCLOUD
NIFCLOUD

- 巨型供應商的協力廠商。
- 除了上述的企業之外，還有許多中大型優質企業或中型業者。
- 若將市場放大至全世界，中國的阿里巴巴也是規模前幾名的業者。
- 就日本市場而言，亞馬遜與微軟已遠遠領先其他競爭對手，第三名之後的排名都會隨時變動，競爭可說是非常激烈。

圖 6-10　雲端業者的分類

	混合雲	自家公司私有雲	
巨型供應商			● 主力為混合雲 ● 技術較先進，服務較多元
科技公司			● 同時提供混合雲與私有雲的服務 ● 也可幫忙建置私有雲
電信業者			● 主力為幫忙建置私有雲 ● 在通訊費與網路的部分有優勢
網路供應商			● 同時提供混合雲與私有雲的服務 ● 能提供有特色的服務

- 先了解各家業者的戰略與思維。
- 也有使用協力廠商提供的服務，總成本反而較低的例子。
- 目前已有專門幫忙建置私有雲的業者。

Point

✐ 雲端業者可根據事業背景釐清分類。

✐ 若想學習雲端的專業知識，就必須了解 AWS、Azure 與 OpenStack。

≫ 資料中心與雲端

何謂資料中心？

資料中心是於 1990 年代開始普及，目前已是撐起雲端服務的主要設備。

由建設公司與科技業者共同設立的日本資料中心協會（JDCC：Japan Data Center Council），將資料中心定義為集結分散四處的科技機器，並且有效運用的專用設施，同時也是專為網路伺服器、資料通訊、固網、手機、網路電話設計的建築物統稱（圖 6-11）。

資料中心提供的服務

以經營資料中心為主要業務的供應商大致提供三種服務（圖 6-12）。

- **Hosting Service**：保有資料中心設施（建築物與相關設備）以及資訊科技資源的同時，提供相關的服務，使用者可專心處理軟體的部分。
- **Housing Service**：資訊科技的資源由使用者自行保管，監控使用情況的工作則交由資料中心進行。
- **Co-location Service**：資料中心僅提供相關設施。

資料中心提供的**雲端服務可分類為 Hosting Service，而網路供應商提供的租用主機服務也屬於 Hosting Service 的一種**。

Housing Service 與 Co-location Service 提供了方便好用的網路以及穩固的設施。這三種分類的用語目前仍在使用，請大家務必了解這三種分類的差異。

圖 6-11　　資料中心的設備

除了伺服器、網路機器這類裝置之外，還需要電源、
空調設備、機架以及容納這些機器與裝置的建築物

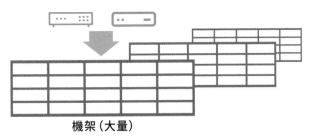

機架（大量）

大型電源設備

大型空調設備

建築物（資料中心）

圖 6-12　　Hosting、Housing、Co-location 的差異

	資料中心的 建築物	資料中心的設備 （電源、空調、 機架、安全性設備）	資訊科技技術的 運用（系統監控、 媒體交換）	資訊科技資源、 機器（伺服器、 網路機器）
Hosting Service	由業者保管	由業者保管	由業者負責	由業者負責
Housing Service	由業者保管	由業者保管	由業者負責	由使用者負責
Co-location Service	由業者保管	由業者保管	由使用者負責	由使用者負責

雲端服務與 Hosting Service 一樣，建築物、設備、維護、機器全都由業者保管或負責。

Point

✐資料中心主要提供 Hosting、Housing、Co-location 這三種服務。

✐雲端與租用主機屬於 Hosting Service 的分類。

≫ 管理大量資訊科技資源的機制

管理大量的資訊科技資源

雲端業者或網路供應商的資料中心通常會設置大量的伺服器、網路機器與儲存裝置，如果規模夠大，有時光是伺服器就會超過 1 萬台，本節將為大家介紹資料中心的機制。

雲端業者的資料中心有一種稱為控制器的伺服器，負責**管理與監控所有的伺服器**。如同主從式架構的伺服器負責管理多台用戶端電腦一樣，控制器伺服器也會管理大量的伺服器與網路機器（圖 6-13）。

控制器的功能

控制器具備的主要功能如下。

- 管理虛擬伺服器、網路機器、儲存設備（圖 6-14）
- 分配資源（資源分配給使用者的比例）
- 使用者驗證
- 監控裝置的運作情況

基本上，不管規模是大是小，控制器都是管理系統所需的功能。

如圖 6-14 所示，雲端業者的資料中心通常會採用方便擴充裝置數量的架構，各種系統也能參考這類架構。

此外，利用 OSS 提供雲端服務的業者之間，是以 **OpenStack** 提供 IaaS 的服務，以及以 **Cloud Foundry** 提供 PaaS 服務，這類軟體已逐漸成為實質的標準。

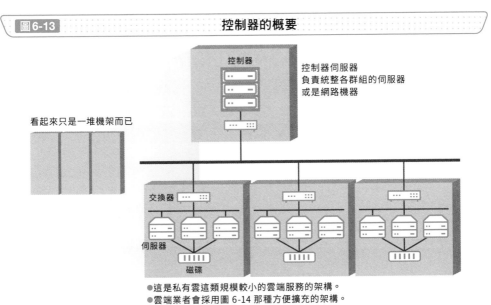

| 圖6-13 | 控制器的概要 |

控制器

控制器伺服器
負責統整各群組的伺服器
或是網路機器

看起來只是一堆機架而已

交換器

伺服器

磁碟

●這是私有雲這類規模較小的雲端服務的架構。
●雲端業者會採用圖 6-14 那種方便擴充的架構。

| 圖6-14 | 控制器的主要功能 |

控制器

管理專用 DB

網路管理

管理網路的
伺服器

管理虛擬伺服器

儲存裝置管理

大量的實體伺服器與
其中的虛擬伺服器群

雲端業者的資料中心
為了能隨時擴充設備的數量,
通常會採用可分別增加各部分
裝置的架構。

管理儲存裝置的伺服器

Point

✎ 雲端業者的資料中心會透過控制器,管理大量的伺服器或網路機器。

✎ 控制器就像是主從式架構之中的伺服器。

» 如何讓現有的系統雲端化？

兩階段移植作業

在了解雲端服務之後，接著讓我們想想看，該怎麼讓現有的系統雲端化或是網路化。

將系統移至其他環境的作業稱為**移植作業**，但過程通常比想像中來得複雜。將非虛擬環境的系統移植到雲端環境的作業通常分成兩大階段（圖 6-15）。

階段 1：讓伺服器虛擬化

雲端服務基本上是在虛擬環境運作，所以要讓現有的系統先移植到虛擬環境。

階段 2：移植到雲端環境

讓虛擬化的系統移植到雲端環境。移植的複雜度會隨著系統的規模或是使用的軟體多寡而不同。

早期執行階段 1 的作業時，都得先將所有的步驟寫成移植計畫表，但近年只需要使用移植軟體即可完成。

階段 1 的步驟完成之後，即可進行階段 2 的步驟。

專為移植到雲端設計的伺服器

也有從本地系統的虛擬伺服器移植到雲端的虛擬伺服器的例子。不過雲端業者有時會為了**能更順利地移植系統，以及兼顧軟硬體的相容性，而準備專用的實體伺服器（又稱為裸機），先將要移植的系統複製到這台伺服器再開始移植**（圖 6-16）。

圖6-15 移植到雲端～兩個階段～

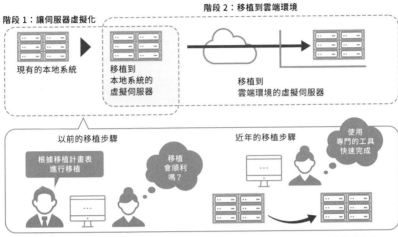

階段1：讓伺服器虛擬化

階段2：移植到雲端環境

現有的本地系統

移植到本地系統的虛擬伺服器

移植到雲端環境的虛擬伺服器

以前的移植步驟

根據移植計畫表進行移植

移植會順利嗎？

近年的移植步驟

使用專門的工具快速完成

有些移植作業比較麻煩，也會產生額外的費用，所以也要從技術的觀點注意這些問題

圖6-16 使用裸機移植的方法

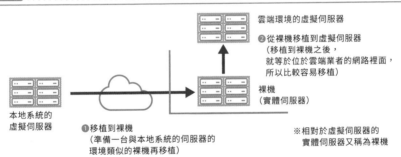

雲端環境的虛擬伺服器

❷從裸機移植到虛擬伺服器
（移植到裸機之後，就等於位於雲端業者的網路裡面，所以比較容易移植）

本地系統的虛擬伺服器

❶移植到裸機
（準備一台與本地系統的伺服器的環境類似的裸機再移植）

裸機
（實體伺服器）

※相對於虛擬伺服器的實體伺服器又稱為裸機

注意事項
● 當系統從本地系統的實體伺服器移植到虛擬伺服器之後，回應速度通常會變慢一點。
● 這是因為作業系統增加了虛擬化軟體，或是多台虛擬伺服器共享資源，導致無線 LAN 變得不穩定，不過使用者也只能將就。

Point

✎現有的系統要移植到雲端，通常會依照虛擬化伺服器、讓虛擬之後的伺服器移植到雲端環境的順序進行。

✎有時雲端業者會先準備一台稱為裸機的實體伺服器，再將系統移植到虛擬伺服器。

觀察資源的使用狀況

前面提過，監控伺服器的使用狀況，是使用網路系統的時候，非常重要的思維，而這種思維不僅適用於伺服器，也適用於一般的個人電腦。隨時掌握資源的使用狀況，確認網路系統帶給裝置多少負荷，也是非常重要的部分。

接著，我們來確認 Windows 電腦的資源分配吧！

Windows 10 的工作管理員

這是從筆者的 Windows 電腦存取雲端伺服器的例子。先以 SSH 的方式與雲端服務的伺服器連線，接著一邊觀察伺服器的使用情況，一邊透過網頁瀏覽器操作資料庫，同時觀察操作前後的使用狀況。

尚未使用資料庫

正在使用資料庫

一旦開始使用資料庫，網頁瀏覽器與伺服器之間的互動與負荷就會大增，電腦的負荷也會增高。從這個例子可以發現 CPU 的使用率突然大幅上升。

或許大家可以從這個例子知道，除了掌握伺服器端的資源分配情況，確認裝置端的資源分配情況也是件非常重要的事。

設置網站時

~需要確認的事項~

第 **7** 章

》 是否使用資料庫？

徹底了解網站與網頁應用程式

本書在第 1 章為大家說明了網站、網頁應用程式、網路系統的差異，但在使用者眼中，這些都只是網站，如果是熟悉網路技術的使用者，或許會知道後台是由資料庫管理，但這純粹是屬於網站管理者或開發者的觀點。

重點在於**開發網站之前，先了解要開發至何種層級。**

第一步要先了解是否需要使用資料庫，確認是只要建置網站，還是要連同網頁應用程式一併開發。

具體來說，就是要不要包含會員管理、商品銷售、服務預約或交易這些功能，因為這些功能都會用到資料庫（圖 7-1）。如果只是要推薦商品或是透過文章吸引顧客的關注度，靜態頁面就足以應付了。

徹底了解網頁應用程式與網路系統

假設要完成的處理更複雜、規模更大，就有可能得將開發層級拉升至網路系統的層次。比方說，下列這些例子都**具有許多功能，或是會與其他系統交換資料**（圖 7-2）。

- 讓系統與第三方支付公司連線，提供多種支付方式。
- 從外部取得定位資訊或天氣資訊這類資料，再根據這類資料提供服務。
- 針對想在網路做生意的企業或個人提供服務。
- 讓物聯網裝置定期上傳資料。

這些都是得與外部系統交換資料或是得在自行開發的應用程式追加功能的例子。

圖7-1　　　需要資料庫的處理

需要資料庫的處理

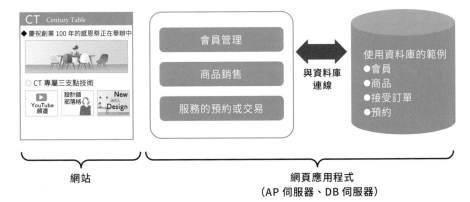

圖7-2　　　徹底了解網頁應用程式與網路系統的範例

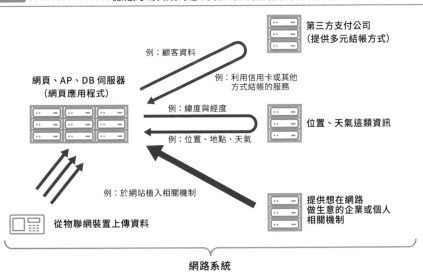

Point

✍若需使用資料庫，開發層級就會提升至網頁應用程式的層次，而不是靜態的網站。

✍一旦要與其他公司的系統互動或是需要更多的功能，開發層級就需更提升至網路系統，才能提供更完整的服務。

» 目標客群是誰？

網站是為了誰開發？

在規劃是否要利用網站與系統做生意的時候，也要思考**究竟是為了誰建置網站或系統**。在開始做生意或是發佈資訊的時候，若能先確定網站或系統的目標客群，後續就會比較順利。

若不先確定目標客群，就無法決定網站的設計或操作方式。以圖 7-3 為例，目標客群為 20 ～ 30 歲或 50 ～ 60 歲的時候，網站的圖片顏色、設計與內容完全不一樣，而且年輕人比較能接受新穎的操作方式，但中高年齡層的使用者則需要流程更一致、更簡單的操作方式。

近年來，這種分類方式又稱為人物誌，也就是從目標客群之中選定某個具體的人物或是虛構的使用者，再根據結果決定網站的設計與操作方式，而這種利用人物誌規劃網站的情況也越來越多。

人物誌設定範例

下列的人物誌設定範例是願意花費數十萬元購買設計精美的餐桌的使用者（圖 7-4）。如果有一些做生意的經驗，有可能會根據過去的顧客設定人物誌。此時會先收集目標使用者的個人資訊、消費履歷、購物模式，再設定人物誌。另一種設定人物誌的方式就是根據各種資料虛擬目標客群的方法，既然是虛擬，就可能會有落差，**但也有可能因此接觸更多顧客**。

除了設計網站需要設定人物誌，執行 SEO 方案或建立系統的時候，也需要設定人物誌。

除了設定人物之外，近年來，使用顧客旅程地圖，釐清顧客消費流程的例子也越來越多。

圖7-3 網站的設計與操作方式隨著年齡層而改變的範例

適用於 50 ～ 60 歲

設計範例

適合 50 ～ 60 歲的設計如下
●工整（設計井然有序）
●內斂的配色
●簡單易懂

適用於 20 ～ 30 歲

適合 20 ～ 30 歲的設計如下
●酷炫的設計
●明亮的配色
●使用 IT 或 AI 這類關鍵字

操作方法的範例

●在同一頁面切換
●按鈕配置在相同的位置

操作流程稍微改變也沒關係

圖7-4 人物誌設定範例

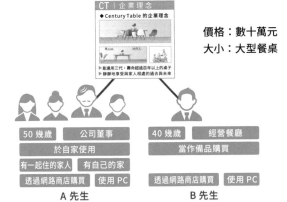

價格：數十萬元
大小：大型餐桌

A 先生
根據購買履歷設計人物誌的範例

B 先生

C 先生
以虛構的人物設計人物誌的情況

●根據購買履歷設計人物誌的時候，不需大幅調整。
●已經能透過現在的網路銷售，所以不需大幅調整。

●以虛構的人物設計人物誌的時候，有可能需要大幅調整。
●有機會重新檢視做生意的方法。

Point

✐有時網站的設計或操作方法會隨著目標客群而大幅調整。

✐設計人物誌，有機會掌握更多的商機。

》 建置網站的準備

建置與經營網站的重點

了解網路系統的概要與目標客群之後,即可著手建置網站。

網站要能正式上線,**必須完成建置網站的相關作業,建置完成後,也需要持續維護**。如先前提過的,建置網站時要製作內容、要設計網站、開發系統與選擇服務,正式上線之後,也要規劃管理的方法。這些事情的重要性雖然會隨著系統的複雜度與規模而改變,但建置網站時必須特別留意。圖 7-5 將要注意的部分排成一列,並將這些項目分成網站正式上線之前與之後兩類。如果能更具體地分類這些項目,就能進一步了解這些項目的重要性(困難度)或網站的架構。

這些項目當然可由自家公司完成,也可以自行完成,但通常會因為需要專業技術或時間的問題而外包給其他公司。

網站正式上線之後新增的項目

建置網站的時候,常會為了製作內容或開發系統而忙得團團轉,但其實網站正式上線之後,還是一樣忙碌。

假設網站設計得宜,系統就不需要修正或變更,**但還是要維護與管理內容,也得不斷新增內容**,而且這部分與網站的規模無關,只要網站還在,就得花心思處理這些事情,同時還得分析流量、監控系統的運作情況(圖 7-6)。

總歸來說,雖然網站的內容多寡也有關係,但在網站建置之前與正式上線之後,仍有許多部分需要處理,而這點其實跟設立門市很像,到底會有多忙端看網站是否要做生意(是否只用來展示商品)、規模大小以及來客數多寡。

圖7-5　　　　　　　　　　　正式上線前後的業務項目

	網站上線前的準備	上線後的維護
製作內容	要上線的內容	●追加內容，更新或刪除既有內容 ●會受到流量分析的結果與 SEO 策略的影響
網站設計	以首頁為主的設計	●更換首頁圖片或重建網站 ●會受到流量分析的結果與 SEO 策略的影響
系統開發、 選擇服務	根據網頁應用程式與系統進行開發， 若使用 SaaS 這類服務或其他平台則 不需要開發	變更系統與增加服務
SEO 對策	設定便於搜尋的關鍵字	根據流量分析的結果與推測，變更或設定 關鍵字，以及設定連結
流量分析	於網站上線時選擇分析方法以及分析 工具	定期分析，再根據網站的使用目的調整網站
系統維護與監控	於網站上線時訂立維護與監控的方法 以及選擇工具	●監控運作狀況與定期備份 ●基本上都是自動化處理

※製作內容之前，有時候得先利用 **7-2** 說明的人物誌或顧客旅程地圖確定內容的輪廓。

圖7-6　　　　　　　　　　　建置前後的主要業務

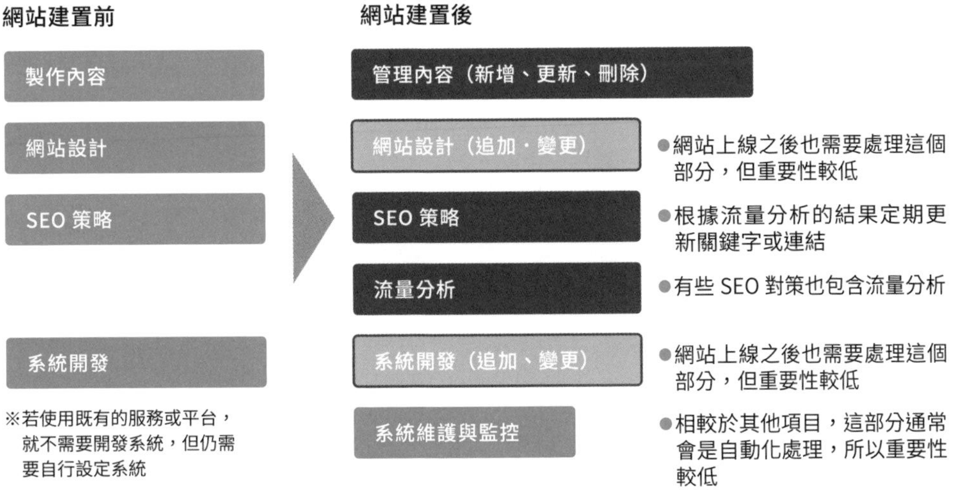

網站建置前　　　　　　　　**網站建置後**

網站建置前	網站建置後	
製作內容	管理內容（新增、更新、刪除）	
網站設計	網站設計（追加・變更）	●網站上線之後也需要處理這個 部分，但重要性較低
SEO 策略	SEO 策略	●根據流量分析的結果定期更 新關鍵字或連結
	流量分析	●有些 SEO 對策也包含流量分析
系統開發	系統開發（追加、變更）	●網站上線之後也需要處理這個 部分，但重要性較低
	系統維護與監控	●相較於其他項目，這部分通常 會是自動化處理，所以重要性 較低

※若使用既有的服務或平台，
　就不需要開發系統，但仍需
　要自行設定系統

Point

✎建置網站時，必須先整理出網站上線前後需要執行的業務。

✎只要網站還存在，就必須持續製作與管理內容。

>> 管理內容

網站最重要的業務

不管網站是否上線,最重要而且佔比最重的業務就是**管理內容**。

商用網站除了要新增商品與介紹服務,還得介紹從之前就存在的商品。除了製作新內容之外,還得隨時更新舊內容,所以不管網站的規模是大是小,要持續經營網站,就必須定期執行上述的業務(圖 7-7)。

早期不管是製作還是管理內容,都是利用首頁編輯器這類軟體進行,使用專業軟體或與網頁伺服器不同的終端裝置上傳製作完成的內容,但現在的管理方式慢慢分成兩派,一派是直接在網頁伺服器製作與管理,另一派則預設會於多種媒體提供資訊,所以採用不同的方式管理與製作內容(圖 7-8)。不過有一個前提絕不能忘記,那就是**「由誰製作與管理內容」,也就是誰是管理內容的負責人**。

使用 CMS

假設整個系統只有一個網站,通常會在網頁伺服器製作內容之後,透過內容管理系統(Content Management System:**CMS**)公開與經營網站。CMS 包含WordPress、Drupal 這類 OSS 或 Adobe Experience Manager 這類產品與服務,有些也能與社群網站建立互動。有些企業或個人則不使用 CMS,自行管理 html或圖片這類檔案。

不同的 CMS 有不同的特徵,而且企業或個人在製作內容與內容的版本管理上可能都有自己的偏好,企業所需的共同作業與網站的製作與公開的流程、SEO 策略、行銷功能也都有不同的需求,**但只要是規模達一定程度的網站,使用 CMS管理內容絕對比較輕鬆,所以這種方法才會成為主流**。

圖 7-7 網站上線後，仍需花時間管理內容

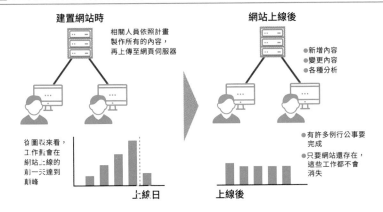

圖 7-8 內容製作環境的變化

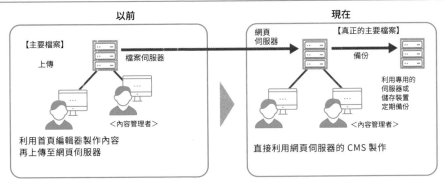

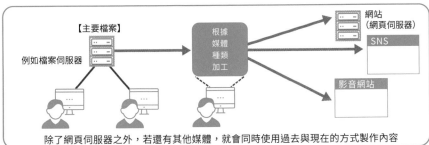

除了網頁伺服器之外，若還有其他媒體，就會同時使用過去與現在的方式製作內容

Point

✏ 經營網站最重要的業務就是管理內容，必須明確定義由誰負責管理。

✏ 當網站具有一定的規模，最好視需求使用 CMS。

》取得網域名稱

受理註冊機構與註冊管理機構

本節將說明如何取得專屬網域與公開網站。

企業或團體的系統管理員會將 IP 位址指派給用戶端電腦，以及替電腦命名，而**在網際網路的世界裡，也會指派 IP 位址與替電腦命名**。某個組織或個人想取得專屬網域名稱的時候，通常會向**提供網頁伺服器或網路的網路供應商或雲端服務業者申請網域名稱**。

如圖 7-9 所示，業者會在接到申請之後，透過受理註冊機構（ICANN 認可的受理註冊機構），也就是負責申請網域名稱的業者，將資料交給註冊管理機構，而這些註冊管理機構通常會依照 .com 或 .jp 這類頂級域名分類，例如負責管理「.com」的是美國的 Verisign，負責管理「.jp」的是日本註冊服務（JPRS）。

取得網域名稱的流程

要取得 .com 或 .jp 這類專屬網域必須完成上述的步驟，但如果是向網路供應商或雲端服務業者申請，只需要輸入簡單的必要資訊，一兩天之後就能立刻使用。若不需使用 .com 或 .jp 的網域名稱，有時甚至可免費取得網域名稱。

若希望網站能擁有專屬網域名稱，則必須如圖 7-10 的步驟先查詢想要使用的網域名稱是否已經有人使用，同時還要調查要向哪個業者租借網頁伺服器。一般來說，都會在後者確定之後，一邊簽訂租用契約，一邊申請網域名稱，不過有些大企業的申請流程不是這樣。假設沒有專屬的網域就無法使用專屬的電子郵件信箱。如果有想到一些想用的網域名稱，建議立刻查詢看看，是否已經被佔用。

圖7-9　申請網域名稱的流程

- ●企業或團體的資訊系統部門或系統管理員會管理自家公司的網路。

- ●網際網路雖然是自由的世界，但也有必須遵循的公共規範，所以網域名稱是由眾多機構聯手管理。

```
  註冊管理機構（Verisign 或 JPRS）
           ↑
    得到認可的受理註冊機構
        ↑          ↑
   網路供應商或雲端服務業者
           ↑  申請或簽約
    想取得網域名稱的申請人
```

※參考日本網路資訊中心的網站製作
https://www.nic.ad.jp/ja/dom/registration.html

圖7-10　常見的網域名稱

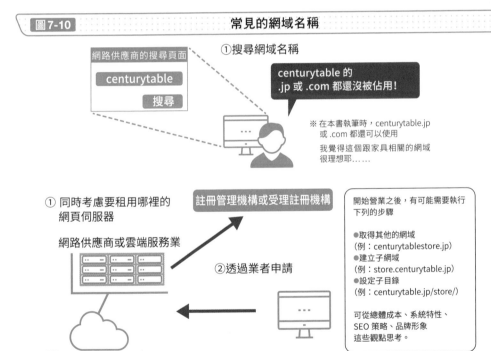

```
網路供應商的搜尋頁面
  centurytable
           搜尋
```

①搜尋網域名稱

centurytable 的
.jp 或 .com 都還沒被佔用！

※ 在本書執筆時，centurytable.jp
　或 .com 都還可以使用
我覺得這個跟家具相關的網域
很理想耶……

① 同時考慮要租用哪裡的
　網頁伺服器

網路供應商或雲端服務業

註冊管理機構或受理註冊機構

②透過業者申請

開始營業之後，有可能需要執行
下列的步驟

- ●取得其他的網域
　（例：centurytablestore.jp）
- ●建立子網域
　（例：store.centurytable.jp）
- ●設定子目錄
　（例：centurytable.jp/store/）

可從總體成本、系統特性、
SEO 策略、品牌形象
這些觀點思考。

Point

- ✎如同企業的系統管理者會指定 IP 位址與替電腦命名，網際網路的世界也是相同的流程。

- ✎若要取得 .com 或 .jp 這類專屬網域必須完成一些簡單的行政作業。

» 對個人資料的保護

網站必備的選單

商務網站有保護個人資料的義務。個人資料是指姓名或其他能鎖定個人的資訊。如果只有名字，其實很難鎖定個人，但如果加上企業、學校、地址這類資訊，要鎖定就易如反掌。日本自從 2017 年修訂個人資料保護法之後，所有企業與個人就有義務保護個人資料。

凡是會使用個人資訊的網站，**都必須在「個人資料保護」或「隱私權」這類頁面說明保護個人資料的態度與具體措施，徵得使用者同意才能使用**。有些企業則是取得隱私權標誌，再於這類頁面顯示。此外，自 2020 年 6 月開始，必須徵得使用者同意才能透過 Cookie 取得個人資料，這項保護個人資料的規定也進一步強化了網站或系統的安全性措施。在 GDPR（General Data Protection Regulation：歐盟一般資料保護規範）的影響下，大眾媒體也常報導個人資料保護的重要性。

建置商務網站時，必須為了個人資料保護製作特定的頁面，不過這幾年來，都以範本網頁的方式揭露個人資料的保護方針、使用目的以及提供第三方使用的規範（圖 7-11）。

線上商務必須刊載的內容

若要在網路做生意，除了刊載個人資料保護法規定的必要事項，還得標記特定商業交易法的內容，因為線上商務屬於特定商業交易法定義的通訊銷售。特定商業交易法規定，網站必須說明支付方式與退貨方式（圖 7-12），以規避交易糾紛。

本節是從法律的觀點說明需要具備哪些頁面，但就一般的情況而言，聯絡我們、FAQ 都是必備的頁面，如果是企業的網站，還需要建置企業簡介頁面。

圖7-11　　　　　　　　　　　　　　　　　隱私權範例

第 1 條　個人資料
所謂「個人資料」是指個人資料保護法定義的「個人資料」，凡是姓名、出生日期、地址、電話號碼、
聯絡方式與其他可識別個人的資訊、樣貌、指紋、聲紋都屬於個人資料的一種，此外，健康保險證的
保險證號碼、或其他能透過機構識別個人的資訊（個人識別資訊），也屬於個人資料的一種。

第 2 條　收集個人資訊的方法
本網站會在使用者註冊時，要求使用者提供姓名、出生日期、地址、電話號碼、電子郵件信箱以及
相關的個人資訊，也可能透過與本網站合作的對象（資訊提供來源、廣告業者、廣告公司）收集使
用者的個人資訊或交易紀錄。

此外，會說明收集與使用個人資料的目的，使用目的的變更、個人資料提供第三方使用的方法與個
人資料的揭露方式，相關的洽詢窗口也會持續開放。

● 商用網站通常會顯示這類制式的隱私權規範。

● 大企業的網站不一定會有隱私權規範，但此時需要使用個人資訊與執行實際業務的子公司則會設
　立相關頁面。

● 只要能夠識別身分，就算只是問卷調查也要徵得使用者同意，才能使用個人資料。

圖7-12　　　　　　　　　　　　　　　　特定商業交易法的範例

於負責人、所在地、電話號碼、洽詢窗口、網頁 URL 之後顯示的內容如下：

銷售價格：於交易步驟的頁面顯示價格。消費稅以內含的方式顯示。

於銷售價格之外產生的費用：網路費、通訊費通常由顧客負擔。

交貨時間：於交易步驟的頁面顯示。

支付方式：可使用下列的方式結帳。

　　　　　● 信用卡
　　　　　● 透過便利商店結帳
　　　　　● 貨到付款

......退貨的相關規定如下

● 有些企業會列出特定商業交易法的內容，有些則予以省略，直接以選單的方式呈現。
● 特定商業交易法頁面與隱私權頁面同樣需要確認必要性。

Point

🖉 會使用個人資料的網站必須設置個人資料保護法或隱私權的頁面。

🖉 線上購物網站除了個人資料保護法的頁面，還需要註明特定商業交易法的內容。

» 支援 https 連線的功能

以 https 的方式顯示整個網站

會使用個人資料或金融資訊的商務網站,採用支援 SSL 的 https 連線(已於 **3-7** 說明)已逐漸成為標準。主流的網頁瀏覽器也會在以 http 連線的時候,顯示安全性警告訊息。

另一方面,就算是以 https 的方式介紹自己的網站,還是會有使用者在網頁瀏覽器輸入 http 的網址,此時就必須從 http 切換成 https,才能免除安全性的疑慮。這種切換網站或網頁的方式稱為轉址。轉址可在網站上線之後設定,但基本上會在網站上線之前就完成設定。

要轉址至 https 的網頁必須完成下列的步驟。這部分會因為建置伺服器的方法不同,而在細節上有些差異(圖 7-13)。

● **購買與安裝 SSL 憑證**

　必須在伺服器安裝與設定 SSL 憑證。

● **將連接埠 80(http)的流量導向連接埠 443(https)**

　需要完成切換的設定。

在不同的環境下,上述的步驟都已完成,有些已是制式的步驟。

轉址範例

若是在網站上線之後才設定轉址,舊頁面與新頁面有可能會混在一起,因此**為了避免維護上的麻煩以及對搜尋引擎的影響,最好在網站上線之前就設定完成**。

圖 7-14 是 Apache 的轉址範例,只要先製作轉址專用的檔案,網站與網頁就能轉址。

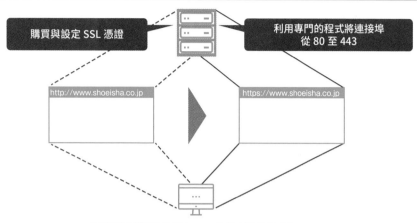

圖7-13　轉址所需的設定

購買與設定 SSL 憑證

利用專門的程式將連接埠
從 80 至 443

http://www.shoeisha.co.jp

https://www.shoeisha.co.jp

- ●就算使用者輸入的是 http，也能自動切換成 https。
- ●企業內部網站也會使用 SSL。

圖7-14　整個網站都轉址的範例

- ● 以 Apache 的網頁伺服器為例，會先製作 .htaccess 檔案，
  再將這個檔案上傳至網頁伺服器，就能完成轉址的設定。
- ● .htaccess 是可於 Apache 伺服器目錄設定的檔案。

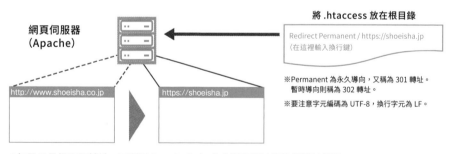

網頁伺服器
（Apache）

http://www.shoeisha.co.jp

https://shoeisha.jp

將 .htaccess 放在根目錄

Redirect Permanent / https://shoeisha.jp
（在這裡輸入換行鍵）

※Permanent 為永久導向，又稱為 301 轉址。
　暫時導向則稱為 302 轉址。

※要注意字元編碼為 UTF-8，換行字元為 LF。

- ●如果只是網頁要轉址，可利用 RewriteRule 命令撰寫轉址起點與轉址終點。
- ●.htaccess 的功能很多，若不小心寫錯，有可能會轉址到不受自己管理的網址，有時會因此惹出
  大麻煩，千萬要特別注意。
- ●WordPress 的轉址是使用專門的外掛軟體，而不是使用 .htaccess。

Point

✎切換成 https 的轉址設定需要 SSL 憑證，以及讓使用者以不同的管道存取網站，
但這部分的設定有時會因建置伺服器的方式不同而有所不同。

✎因為某些原因需要轉址時，務必謹慎為之。

» 支援智慧型手機與電腦瀏覽

是縮放頁面還是使用不同的設計？

圖 4-4 已提過響應式網頁設計。雖然存取網頁伺服器的終端裝置主要是智慧型手機與電腦,但網路系統必須支援更多終端裝置的瀏覽。由於企業的業務系統也會接受各種終端裝置與網頁瀏覽器存取,所以慢慢地,也需要考慮使用響應式網頁設計。

雖然市面上有很多種系統,但以網頁瀏覽器瀏覽的方式主要分成兩種(圖 7-15)。

- **網頁設計不會改變的類型:不管終端裝置的大小,都以同樣的方式呈現頁面**

  以螢幕較小的終端裝置瀏覽時,就調整頁面的比例,所以基本上與電腦的畫面相同。

- **網頁設計會跟著改變的類型:不同大小的終端裝置會有不同的畫面**

  頁面設計會隨著終端裝置的大小改變。

現在的網站以後者為主流,但業務系統通常需要於相同的畫面瀏覽,偶爾會採用前者的方法,所以這兩種類型都還有人使用。

畫面大小與斷點

現行的響應式網頁設計會先取得終端裝置的螢幕大小(寬度),再利用智慧型手機專用的 CSS 與電腦專用的 CSS 切換網頁設計,以此角度來看,**網頁設計會跟著調整的才是響應式設計**。

網頁設計的切換之處稱為斷點。目前的主流是以電腦、平板、智慧型手機的螢幕邊界作為斷點(圖 7-16)。由於終端裝置的螢幕大小每幾年就會不斷改變,因此斷點的位置也會隨之改變。目前支援響應式網頁設計已是必備的功能。

圖 7-15 網頁設計會改變與不會改變的範例

【網頁設計不會改變的類型（以電腦螢幕為準）】

- 以智慧型手機瀏覽時，文字會變得很小。老舊的網站常會是這種情況。
- 企業的業務系統多屬這類型。
- 優點是終端裝置不同，也能以相同的方式操作。

【網頁設計會改變的類型（以終端裝置的螢幕大小為準）】

- 目前的網站都使用這種類型。
- 使用者比較容易瀏覽（圖片會調整成方便瀏覽的大小）

圖 7-16 支援響應式網頁設計的程式碼

```
<!DOCTYPE html>
<html>
<head>
<meta charset="UTF-8">
<meta name="viewport" content="width=device-width,initial-scale=1">
<!-- 終端裝置的螢幕在大於等於764px時，載入PC專用CSS -->
<link rel="stylesheet" type="text/css" href="./css/sample_pc.css" media="screen
and (min-width:764px)">
<!-- 終端裝置的螢幕在小於等於763px時，載入智慧型手機專用CSS -->
<link rel="stylesheet" type="text/css" href="./css/sample_smartphone.css"
media="screen and (max-width:763px)">
<title> 範例程式 </title>
</head>
<body>
            <header>
```

- 用於切換網頁設計的 sample_pc.css 與 sample_smartphone.css 寫在 meta 標籤的 viewport 之後。
- 這個範例將智慧型手機的螢幕大小設定為小於等於763px。
- 近年來的瀏覽習慣以智慧型手機為主流，所以必須視情況設計電腦專用的頁面。
- 主流的 CMS 或螢幕顯示相關的框架都內建了相關的功能，所以不需要撰寫上述的程式碼。

Point

- 頁面呈現方式分成會依照終端裝置大小調整設計的類型，以及不會調整的類型。
- 根據斷點的位置調整網頁設計屬於響應式網頁設計的一種，也是目前的主流。

支援涵蓋的裝置

支援各種裝置

智慧型手機、個人電腦、平板電腦都是瀏覽網頁的主流裝置，**7-8** 也提到網頁設計可隨著裝置的螢幕大小調整，但其實還有可能需要隨著其他特殊裝置的螢幕調整網頁設計，這時候就要參考 **7-8** 增加個人電腦或智慧型手機的方式，利用 CSS 新增支援的裝置。

在 HTML 與 CSS 指定媒體類型，可讓**網頁的設計隨著不同的裝置改變**。最常見的媒體類型就是**印表機**。不管在個人電腦的螢幕上是顏色多麼繽紛的頁面，利用印表機輸出時，都會是白底黑字（圖 7-17）。

可指定的裝置種類

除了印表機之外，還有下列可利用媒體類型指定的裝置（圖 7-18）。

- 印表機 **print**
- 電視 **tv**
- 行動終端裝置 **handheld**
- 投影機 **projection**
- 點字機 **braille**
- 語音輸出機器 **aural**

電視遊樂器雖然不在上列，但有些電視遊樂器內建了網頁瀏覽器，所以能與智慧型手機或個人電腦一樣，根據螢幕尺寸最佳化網頁設計。

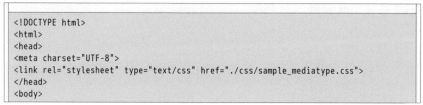

圖 7-17 　　　　　　　　　　將媒體類型指定為印表機的範例

HTML 的語法範例

```
<!DOCTYPE html>
<html>
<head>
<meta charset="UTF-8">
<link rel="stylesheet" type="text/css" href="./css/sample_mediatype.css">
</head>
<body>
```

※也有替各種媒體類型各寫一個 CSS 的方式

CSS 的語法範例

```
@media  print{
  body{font-size:small;
  }
```

頁面瀏覽　　　　　　　　　　　　　　**頁面印刷（列印預覽）**

◆ 新商品
DXT-1100

列印時，通常會顯示較陽春的內容，
但這是因為 CSS 的語法所造成的。

圖 7-18 　　　　　　　　　　可利用媒體類型指定的機器

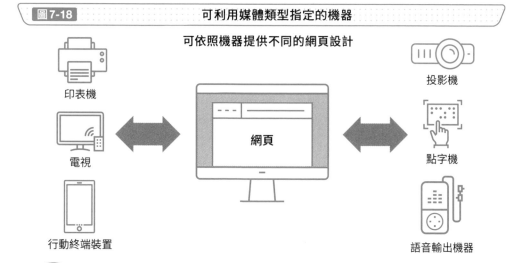

可依照機器提供不同的網頁設計

印表機　　　　　　投影機

電視　　　網頁　　　點字機

行動終端裝置　　　　　　語音輸出機器

Point

✐ 可利用 HTML 與 CSS 的媒體類型替各種裝置指定專屬的網頁設計。

✐ 媒體類型的設定常應用在印表機列印。

》圖檔的種類

在網路使用的圖檔

大部分的網站都會在首頁或其他頁面使用圖檔,而主流的圖檔格式包含 JPEG、PNG、GIF(圖 7-19)。

- **JPEG(Joint Photographic Experts Group)**

  JPEG 是數位相機或智慧型手機的攝影標準圖檔,最多可包含 1,677 萬色,主要的特性是將畫質調降至人類無法用肉眼分辨的程度,藉此縮小檔案大小。

- **PNG(Portable Network Graphics)**

  這種圖檔格式與 JPEG 一樣能容納 1,677 萬色,還可以調整透明度,藉此縮小檔案大小,所以很常用在首頁,商品的樣品圖片也很常使用這種格式。

- **GIF(Graphics Interchange Format)**

  雖然只能容納 256 色,卻能製作成動畫。最近影片與講究設計與配色的頁面越來越多,所以也越來越少人使用。

依照外觀與回應速度決定使用哪種格式

社群網站通常會接受智慧型手機直接上傳照片,因此會以 JPEG 這種格式為主流,但使用 PNG 的網站也越來越多。有些人會同時製作 JPEG 與 PNG 版本的網站,兩相比較之後再決定要使用哪種格式(圖 7-20)。所以結論就是**根據外觀與回應速度再決定使用哪種圖檔格式**,換句話說,只要知道網站的特性,就大概知道會使用哪種圖檔格式了。

圖 7-19　**JPEG、PNG、GIF 的特徵**

圖檔格式	顏色種類	檔案大小	壓縮與畫質	透明度處理
JPEG	1,677 萬色	中 （畫質會下降， 但可以壓縮）	畫質會因為檔案 壓縮而下降	無法
PNG	1,677 萬色	中 （可去除多餘的背景， 縮小檔案容量）	畫質不會因為檔 案壓縮而下降	可以 （指定範圍）
GIF	256 色	小	同上	可以 （指定顏色）

●JPEG 的壓縮方式為不可逆壓縮，無法還原為原始的圖檔
●PNG 或 GIF 的壓縮方式則可還原為原始的圖檔

圖 7-20　**根據外觀與回應速度判斷的範例**

JPEG 的圖片　　　　　　　　　　　PNG 的圖片

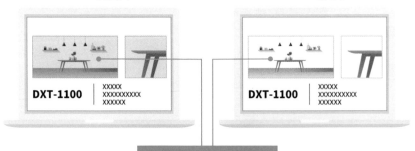

PNG 可去背，
所以檔案容量較小

●網站開發現場很常比較 JPEG 與 PNG 的優劣（不比較也沒關係）。
●有時會利用開發人員工具從使用者的角度檢視回應速度，或是站在開發者的角度檢查網站的設計是否充份說明了網站的主旨。
●近年來，在首頁使用 PNG，讓網頁開啟的速度更加流暢的例子越來越多。
●也可利用 CSS 指定各種螢幕大小的最佳圖檔格式。
●5G 普及之後，預計會使用畫質最佳的圖片。

Point

🖉 近年來的網站多使用 JPEG 與 PNG。

🖉 根據外觀與回應速度選擇最佳的圖檔格式。

》 有必要防止複製嗎？

常見的防止複製措施

有些網站經營者不想讓自己花錢製作的網頁與圖片被複製，但有些網站經營者卻希望被複製，藉此達到宣傳的效果。

對使用者來說，除了可以轉傳 URL 之外，能引用文字或是利用圖片進行介紹會比較方便。

基本的防止複製措施是禁止滑鼠拖曳選取或是禁止滑鼠右鍵的操作，最常見的做法就是在 CSS 或其他檔案加入防止複製的程式碼，當然也有使用專門軟體禁止複製的方法（圖 7-21）。不過，當使用者利用開發人員工具瀏覽，或是使用不同的系統與環境，這些措施就無法發揮作用。

以智慧型手機為例，有些機種只要長按螢幕就能跳過防止複製措施，直接擷取禁止複製的圖片，而且不管如何防堵，都無法防堵使用者直接以螢幕擷圖的方式複製內容。

無法禁止複製時的對策

大部分的圖片與影像都很難禁止複製，所以通常會用其他方式，讓**圖片或影像無法被完全複製**（圖 7-22）。

- **允許複製，但畫質會下降。**
- **在所有可能被複製的圖片加上浮水印。**

防止複製措施的重點在於**整個網站都使用相同的措施**。

舉例來說，整個網站都以 https 的方式通訊，而且有關個人資料的保護也做得滴水不漏時，若是網站的內容可被輕易地複製，整個網站的調性就會變得不一致，所以防止複製措施與轉址一樣，都是在網站上線之前，需要先行完成的部分。

圖 7-21 防止複製措施的程式碼

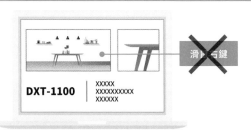

以 html 撰寫的範例

```
<img src="sample_image.jpg " width="600 "
height= "300" oncontextmenu="return false; ">
```

DXT-1100 | XXXXX
XXXXXXXXXX
XXXXXX

以 JavaScript 撰寫的範例

```
document.oncontextmenu = function
( ) {return false; }
```

● 防止複製的措施已成主流,通常會以 JavaScript 或 TypeScript 撰寫。

● WordPress 會使用專門的外掛程式禁止複製。

● 可惜的是,只要利用開發人員工具分析禁止滑鼠右鍵使用的程式碼,
就能解除禁止使用滑鼠右鍵的設定。

圖 7-22 禁止圖片複製的範例

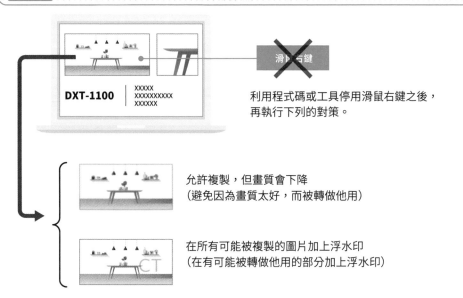

利用程式碼或工具停用滑鼠右鍵之後,
再執行下列的對策。

允許複製,但畫質會下降
(避免因為畫質太好,而被轉做他用)

在所有可能被複製的圖片加上浮水印
(在有可能被轉做他用的部分加上浮水印)

Point

✎ 防止複製措施可使用 CSS 或專用的軟體。

✎ 有些防止複製的措施並沒有太大用處。

≫ 影音檔案

要注意檔案格式

某些商品或服務必須使用影片,才能更明確地傳遞主旨。

此時要考慮的就是**影片檔的格式與傳輸影片的方式**。

以影片檔的格式而言,iPhone 拍攝的影片為 **mov** 格式,Android 智慧型手機拍攝的影片為 **mp4** 格式(圖 7-23)。

於 Windows 電腦製作的語音檔為 wav 的格式,但一般的智慧型手機無法播放 wav 格式的語音檔。雖然檔案格式不同不是什麼罕見的事情,但還是有必要多加注意。以現階段的影片而言,能在各種終端裝置播放的是 mp4,通用的語音檔格式則是 mp3,只要選擇這兩種格式就不會遇到什麼問題。

傳輸影片的方法

傳輸影片的方法主要分成下列兩種(圖 7-24)。

- 下載:開發從網頁伺服器下載的功能。雖然不下載就無法播放,但只要下載完畢,使用者隨時可以重新播放,不過就很難保護檔案的著作權。
- 串流:將檔案分割成小塊再傳輸,所以可一邊下載一邊播放。必須利用專門的機制才能保護著作權。

此外,串流通常是於即時播放或是隨選播放這類情況使用。

近年來,許多網站都會直接播放影音共享網站的影片,這也是最簡單的影片傳輸方式。

圖 7-23 mov 與 mp4 的概要

檔案格式	檔案製作	使用場景	主要的影像編碼
mov	●Apple 的標準影片格式 ●基本上會利用 QuickTime 播放	最適合利用 MAC 這類個人電腦編輯的檔案	H.264、MJEG、MPEG4
mp4	最普及的格式,也是 Android 常用的影片格式	受到 YouTube 推薦,這種格式是影音分享網站的經典格式	H.264、Xvid

● 壓縮成影像編碼(影像檔案的規格與格式)的步驟稱為編碼,解壓縮再播放則稱為解碼。

● mov 或 mp4 是將影像、音訊、圖片、字幕全放在同一個容器的檔案格式,影像的畫質與檔案容量則由編碼決定。

● 知名的 MPEG4 是 Moving Picture Eexperts Group 的縮寫,也是壓縮影片或語音的規格之一,而 MP3 則是語音壓縮的規格。

圖 7-24 下載與串流的差異

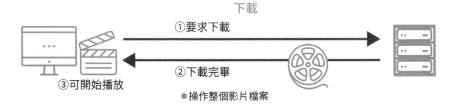

下載

①要求下載
②下載完畢
③可開始播放

●操作整個影片檔案
●使用者可保有檔案,所以要注意著作權方面的問題

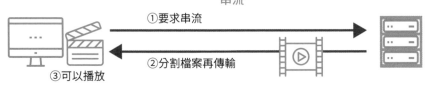

串流

①要求串流
②分割檔案再傳輸
③可以播放

●先切割檔案,再播放接收到的部分。播放結束後,檔案會跟著刪除,所以不會衍生著作權的問題。

●需要具備專門的串流播放功能。

●也有介於下載與串流之間的漸進式下載。

Point

✎預設使用者的終端裝置種類,選擇最佳的檔案格式。

✎主流的影片傳輸方法分成下載與串流這兩種。

》以管理員的身分與網頁伺服器連線的方法

管理員的權限

網站上線後,有時需要以管理員的身分,從網站或伺服器的後台新增內容、確認功能是否正常運作,也要更新軟體的版本,有時還得以使用者的身分連線,確認網站的設計是否正常。在網路供應商的世界裡,前者稱為網域管理員、網站管理員,後者則稱為使用者或是**依照權限的不同而有不同的稱呼**。

網域管理員可存取網域之內的所有資產,也具有管理員權限,可隨時新增或刪除使用者。假設電子郵件信箱的網域相同,還可以管理電子郵件信箱。網站管理員則具有網站的管理員權限,可新增或修改內容,但無法新增或刪除使用者。使用者可使用該網域的電子郵件信箱,至於瀏覽網站的部分,與一般的使用者沒什麼差別(圖 7-25)。

從外部連上網頁伺服器的方法

要從外部與網頁伺服器連線的方法,大致分成三種(圖 7-26)。

- **HTTP(HTTPS)連線**:以使用者的身分確認網站的內容。
- **FTP 連線**:利用 FTP 軟體連線。主要是為了新增與修改內容。
- **SSH(Secure SHell)連線**:網路供應商與雲端服務業者的 SSH 連線在某些細節上有些差異,但 SSH 連線已是主流的安全性連線。除了利用 SSH 軟體指定連線的終端裝置與 IP 位址,還可交換金鑰,進行安全性連線(圖 7-26)。也可以更新伺服器的內部資訊。

來看看適合這種權限的連線方式。

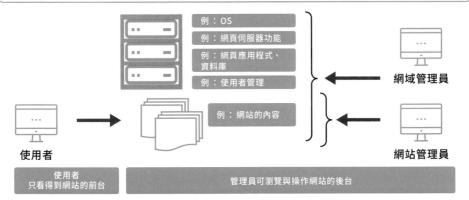

圖 7-25 網域管理員、網站管理員與使用者的差異

例：OS
例：網頁伺服器功能
例：網頁應用程式、資料庫
例：使用者管理

網域管理員

例：網站的內容

使用者

網站管理員

使用者
只看得到網站的前台

管理員可瀏覽與操作網站的後台

- 網域管理員擁有所有的權限，例如可設定伺服器或是管理內容與使用者。
- 網站管理員只能管理網站的內容。
- 使用者無法瀏覽後台。

圖 7-26 連往外部網頁伺服器的三種方法與 SSH 連線範例

使用者	HTTP	連接埠編號：80
網站管理員	FTP	連接埠編號：20 或 21
網域管理員	SSH	連接埠編號：22

- CMS 或低程式碼開發型態會跳過 FTP 或 SSH，只以 HTTP 維護網站。
- SSH 是讓伺服器管理員能安全地與伺服器連線的方法。
- 雖然也可利用密碼與公開金鑰認證的方式與伺服器連線，但主要的網路供應商與雲端服務業者都以後者為主流。

參考：
SSH 連線的範例

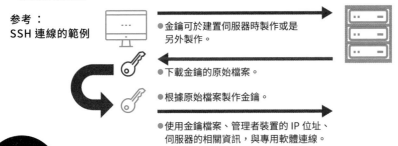

- 金鑰可於建置伺服器時製作或是另外製作。
- 下載金鑰的原始檔案。
- 根據原始檔案製作金鑰。
- 使用金鑰檔案、管理者裝置的 IP 位址、伺服器的相關資訊，與專用軟體連線。

Point

- 網路供應商會根據權限區分網域管理員、網站管理員、使用者這些身分。
- 要與外部的網頁伺服器連線時，主要會依照權限從 HTTP（HTTPS）、FTP、SSH 這三種方式之中選擇連線方式。

從網站圖示觀察電子商務

熟悉網站或從事網站相關業務的人,應該很熟悉所謂的網站圖示。

網站圖示(favicon)是以智慧型手機在搜尋引擎搜尋資料之後,在搜尋結果左側顯示的符號,若以個人電腦的網頁瀏覽器瀏覽,則會於網站的左上角顯示,換言之,就是象徵網站的符號。致力經營電子商務的企業的網站圖示通常非常精緻,有機會的話,大家可觀察自家公司的網站圖示,或是觀察感興趣的企業的網站圖示。

網站圖示範例(首頁或官方網站)

- **網路企業／線上購物中心**:只有一個文字卻簡單易懂的標誌
  Google G　　　亞馬遜 a　　　樂天市場 R　　　Yahoo! Y!　　　mercari

- **行動電話**:與門市的招牌相同
  au au　　　軟體銀行 ＝　　　NTT DoCoMo docomo

- **科技創投企業**:形象圖示或文字
  IBM　　　富士通 ∞　　　NEC NEC　　　SAP SAP

- **航空公司**:直接沿用標誌,所以會小得難以辨識
  ANA　　　JAL

- **物流業**:網路圖示的易讀性會根據投入電子商務的程度而不同
  優衣庫 UNIQLO　　　宜得利 ニトリ　　　永旺 AEON　　　三越伊勢丹

- **其他**:參考
  價格.com 價格.com　　　微軟　　　三得利 S

上述是各家公司於本書編寫時的網站圖示,有些企業會另行設計網站圖示,這類網站圖示似乎比較簡單易懂。有機會的話,大家可利用智慧型手機、個人電腦或是其他螢幕尺寸的終端裝置瀏覽看看。

網路系統的開發

~使用可用的資源~

第 8 章

≫ 網頁應用程式的後台架構

具代表性的後台資料庫

先前提過，網頁應用程式基本上是由網頁伺服器、AP 伺服器、DB 伺服器的功能組成，而為了安全考慮，通常會讓 DB 伺服器獨立，然後將網頁伺服器與 AP 伺服器的功能放在同一台伺服器，或是乾脆為這三者各準備一台伺服器。

假設網頁伺服器使用的是 Linux 系統，DB 通常會使用 OSS，而在這類 DB 軟體中，最為知名的莫過於 **MySQL**。MySQL 是被稱為 **LAMP**（由 Linux、Apache、MySQL、PHP 的字首組成的單字）**網頁應用程式後台所不可或缺的軟體之一**（圖 8-1）。MySQL 得以普及的理由在於**可免費使用，也有許多 Linux、Windows、macOS 可使用的功能與工具**。本書曾在 **3-9** 到 **3-12** 這些章節介紹伺服器的架構與建置流程，一般會在安裝 Linux 與 Apache 之後，安裝 PHP 或 MySQL。

MySQL 具代表性的工具

使用 MySQL 的時候，通常會使用 phpMyAdmin 或 MySQL Workbench，藉此利用網頁瀏覽器完成初始設定或建立表單（圖 8-2）。

MySQL 的用途非常多元，就連 WordPress 的後台也是 MySQL。如果要在網路供應商提供的伺服器使用 WordPress，只需要向網路供應商申請，有時網路供應商還會幫忙完成 PHP 或 MySQL 的設定，但如果是在雲端環境使用，就有可能需要自行設定，此時就必須自行安裝各種軟體。

<figure>

圖 8-1   **LAMP 的概要**

Linux	有這些 RHEL（Red Hat Enterprise Linux）、CentOS、Ubuntu、SLES（SUSE Linux Enterprise Server）種類
Apache	● 以 OSS 的網頁伺服器為代表 ● 其他還有 Nginx 這類軟體
MySQL	● 以網頁應用程式的 OSS 資料庫為代表 ● 其他還有 PostgreSQL 或 MariaDB
PHP	● 最具代表性的伺服器端指令語言 ● 具有許多框架，中大型規模的系統也很常使用

</figure>

● 有許多人都在使用的 CentOS 是免費的 RHEL，如果重視安全性的話，RHEL 會是比較好的選擇。
● Ubuntu 擁有許多應用程式，常見於娛樂與教育相關的領域。
● 近年來 SUSE 越來越普及，也有重視安全性的付費版本「SLES」與 OSS 的 OpenSUSE。
● Linux 會因發行版（※）的不同而有些差異，但為了方便企業、團體或個人使用 Linux，發行版包含了作業系統與必要的應用程式。
● 如果是功能陽春的網頁應用程式，基本上可利用 LAMP 快速開發。

※ 為了方便企業、團體與個人使用 Linux，而提供作業系統與必要的應用程式的企業或團體。

<figure>

圖 8-2   **與 MySQL 相關的軟體**

● MySQL Workbench 可設計、開發與管理資料庫。
● 如圖所示，是具有建立 ER 模型、設定伺服器、管理使用者、資料備份以及各種功能的官方工具。

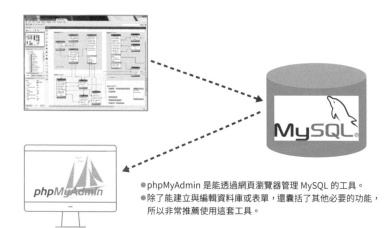

● phpMyAdmin 是能透過網頁瀏覽器管理 MySQL 的工具。
● 除了能建立與編輯資料庫或表單，還囊括了其他必要的功能，所以非常推薦使用這套工具。

</figure>

Point

▱ 網頁應用程式的後台必備的軟體稱為 LAMP。

▱ MySQL 已成為 OSS 資料庫的實質標準。

≫ 網頁應用程式可使用免費軟體

雖是免費軟體,基本的功能卻全部具備

建立網頁伺服器的時候很常使用 **OSS** 這類免費軟體,例如作業系統會選擇 Linux,網頁伺服器功能會使用 Apache 或 Nginx,當然也有企業是使用 Windows Server 這類付費軟體提供網頁服務。

WordPress 有免費版與付費版,免費版已具備了基本的功能。由於這些後台的 LAMP 都是 OSS,所以**只使用免費的軟體也能建置所需的網頁應用程式**。

比方說,可利用圖 8-3 介紹的 OSS 軟體建置線上商店。

要注意運作環境與版本升級的問題

雖然是 OSS,但較普及與實用的 OSS 通常都由團體或企業維護,**也很常更新版本,所以在管理與執行這類軟體時,有些事情要特別注意**。

使用最新版本雖然可享受更強的性能、更穩定的運作方式以及更嚴謹的安全性策略,但其他的軟體不一定能支援最新版的運作環境,所以要特別注意版本升級的時間點。

尤其要注意接近使用端的 LAMP 軟體。

比方說,有些軟體不一定支援新版的 PHP,所以有可能無法運作(圖 8-4)。

不要一看到最新版的軟體發表就立刻更新,最好是時常確認更新的內容,以彌補系統運作上的缺陷。這點在補強應用程式基本功能的外掛程式也是一樣。

圖8-3　利用 **OSS** 建置線上商店的範例

- 若只是想建置功能陽春的線上商店，可使用上述的軟體。
- WelCart e-Commerce 是與 WordPress 高度相容的外掛程式。
- 中小型的獨立網站通常都是這種架構。
- 使用者看到的是 WordPress 的畫面。
- 使用軟體的時候，要確認免費使用的規範以及付費的部分。
- 有時候安裝 WordPress，會一併安裝 PHP。

圖8-4　運作環境（推薦環境）的差異

- WordPress 的主機環境（運作環境）
- PHP 7.4 以上
- MySQL 5.6 以上或 MariaDB 10.1 以上

※在本書編寫時，WordPress 的最新版為 5.6

節錄自 WordPress 環境需求頁面（2021 年 2 月）
URL：https://ja.wordpress.org/about/requirements/

- WelCart e-Commerce 的運作環境（推薦環境）
- WordPress 5.0 以上
- PHP 5.6 至 7.3
- 資料庫 MySQL 5.5 以上

節錄自 WelCart 的指南頁面（2021 年 2 月）
URL：https://www.welcart.com/documents/manual-welcart/install/condition

- WordPress 與 WelCart 支援的 PHP 與 MySQL 是不同的版本。
- 各軟體有可能會繼續更新，所以運作環境可能會有所變動。
- 上述是舊版 PHP 仍可執行的情況。

Point

✐ 使用 Linux 或其他免費軟體就能打造各種網頁應用程式。

✐ 使用最新版本的軟體固然是好事，但有時為了能正常運作而會使用舊版軟體。

» 應用程式的設計思維

網頁應用程式的設計架構

開發應用程式的時候,必須先設計架構,而網頁應用程式的架構也有很多種,最具代表性的就是 MVC 架構。

MVC 架構是將應用程式分成**模型(Model)、視圖(View)、控制器(Controller)這三個組件,再分別進行開發的手法**,這種手法的優點在於這三個組件的處理可以分頭進行,要新增或修改程序時也比較容易。這三個組件的功能如下(圖 8-5)。

- **模型**:接收來自控制的命令,負責接收與送出資料庫與相關檔案的資料。
- **視圖**:繪製接收到的處理結果。
- **控制器**:接收來自網頁瀏覽器的要求再傳回回應。

這三個應用程式的組件會各自完成處理,也會彼此互動。

三個組件的定位

本書從第 1 章就提過,網頁應用程式是由網頁伺服器、AP 伺服器、DB 伺服器組成,這種階層構造又稱為三層構造或三層架構。

MVC 架構是伺服器端的設計手法,所以基本上在這三層架構之中,屬於 AP 伺服器的功能之一(圖 8-6)。

實務開發網頁應用程式的時候,也很常依照 MVC 架構分派各自的開發業務。

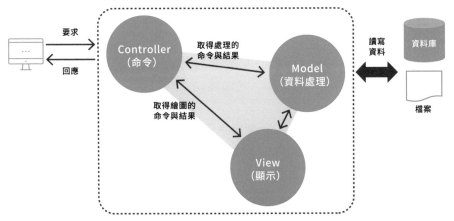

圖8-5 **MVC 架構的概要**

- 這些都是伺服器端的處理。
- 若以 PHP 或 HTML 撰寫,有可能會分成控制器的 PHP、模型的 PHP 以及視圖的 HTML 或 PHP。
- MVC 有時會因框架的特徵在名詞或思考方式上,與 MVP(Presenter)或 MVW(Whatever)有些出入。

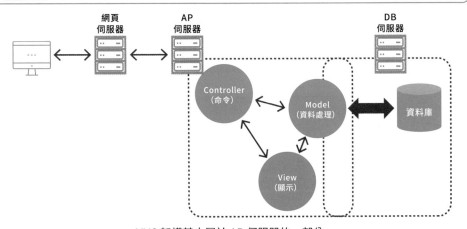

圖8-6 **MVC 於三層構造之中的定義**

MVC 架構基本屬於 AP 伺服器的一部分

Point

✐ MVC 架構是網頁應用程式的設計思維之一。

✐ MVC 架構是由模型、視圖、控制器這三個功能組成,實務也會依照這個架構開發
軟體。

≫ 開發框架

框架的優點與缺點

在開發網路系統的時候，由於用戶端會使用網頁瀏覽器瀏覽，所以就如 **2-10** 介紹的，都會使用 HTML、CSS，以及使用 JavaScript、TypeScript、PHP 或 JSP、ASP.NET、Ruby 或 Python 這類技術。

假設是在 Windows 環境開發應用程式，**可使用 .NET Framework 這類框架**。所謂的框架是指統整通用或共用的處理而成的雛型，是一種加速開發作業的機制，尤其在開發團隊的規模較大，需要許多人一起進行開發時，框架就能讓開發作業變得更有效率，也能徹底管理開發品質（圖 8-7）。若硬要說有什麼缺點的話，就是框架需要時間學習，而且學習的門檻也不低。如圖 2-19 的介紹，網路系統也有專用的框架。

以基礎的程式語言決定

假設使用的是 JavaScript 這種程式語言，可使用 **React、Vue.js**、jQuery 這類框架，若使用的語言是 TypeScript，則可使用 **Angular** 這種框架，總而言之，就是依照使用的程式語言選擇框架。這些框架在使用者的管理、認證或畫面顯示這類處理都各有擅場，所以**在選擇框架之前，通常會先釐清用途，以及現存的網路系統使用的是哪種框架**。

圖 8-8 是根據程式語言分類近年來，於網路系統使用的程式語言、框架與執行環境擴充的示意圖。雖然程式語言、框架的潮流以及在工程師之間的普及度與評價，都很可能在幾年之內完全改變，但還是建議大家至少先認識一下這些內容。

圖8-7 .... 使用框架的優點（以前台為例）

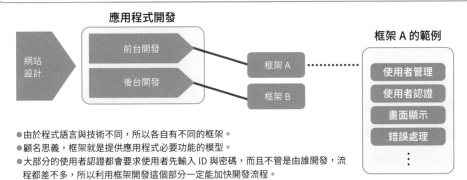

- 由於程式語言與技術不同，所以各自有不同的框架。
- 顧名思義，框架就是提供應用程式必要功能的模型。
- 大部分的使用者認證都會要求使用者先輸入 ID 與密碼，而且不管是由誰開發，流程都差不多，所以利用框架開發這個部分一定能加快開發流程。
- 快速、有效率、品質優異是使用框架開發的優點。

圖8-8 .... 用於開發的程式語言與框架

程式語言	框架名稱
JavaScript	React（Facebook、Twitter）、Vue.js（LINE、Apple）、jQuery、Node.js※
TypeScript	Angular（Google、Microsoft）、React、Vue.js、Node.js※
Perl	Catalyst
PHP	CakePHP
JSP	SeeSea、Struts
Python	Django（Instagram）
Ruby	Ruby on Rails（CookPad）
CSS	Bootstrap、Sass※

- （ ）是使用框架的知名網站或社群網站，※則是比框架更完整的開發環境。
- 其他還有用於管理程式碼的 GitHub，或是使用雲端服務業者提供的 PaaS 服務。
- 根據用途選擇框架後，自然就知道該使用何種程式語言。

Point

✐ 共同開發的網路系統通常會使用框架。

✐ 框架也有所謂的主流，所以最好根據用於開發的程式語言、框架的內容與執行環境的擴充內容，了解框架的流行趨勢。

» ASP.NET 與 JSP

ASP.NET 的概要

8-4 介紹了近年來蔚為話題的框架,而提到框架,就不能不提微軟的 **ASP. NET**,或是與 ASP.NET 同樣知名,常於大規模網路系統使用的 **JSP**。本節也將為大家介紹這兩種框架,提供大家參考。

ASP.NET 是開發網頁應用程式的框架,是由**可利用 VB 或 C# 透過畫面製作的網路平台**,符合 MVC 架構的 MVC、Web Pages、Web API 這些工具所組成(圖 8-9)。與 PHP 這類指令語言的差異在於 ASP.NET 是**編譯語言**,不僅可完成更細膩的處理,處理速度也比較快,所以非常適合**處理大量要求的網頁服務**使用。過去僅限於 Windows 環境下使用,但現在已提供與 Core 這種平台互動的功能,所以也能與其他框架建立互動或是在 Linux 環境下使用。

使用 JSP 的範例

JSP(Java Server Pages)是以 **Java 製作的框架**,基本上是與 **Java Servlet** 搭配使用。Servlet 會根據要求執行處理,JSP 再於螢幕顯示處理結果。JSP 這種框架也能完成較為縝密的處理。

登入信用卡公司、網路銀行、網路證券的網站之後,有時會在 URL 的欄位看到閃一下就消失的 .jsp 文字,這就是使用 JSP 框架開發的情況,有時也會在圖 8-10 這種複雜的畫面切換過程中看到。這種框架也適合大量處理來自使用者的要求。

雖然有許多大規模系統使用 ASP.NET 或 JSP,但近年來,情況開始有些轉變。

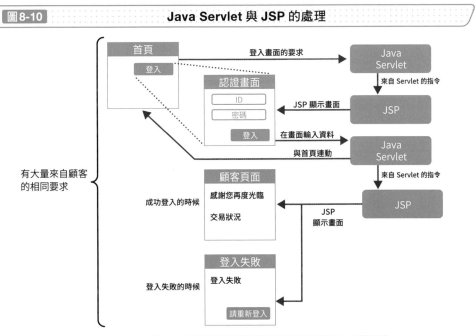

圖 8-9 ASP.NET 與主要工具的概要

網路平台　MVC　Web Pages　Web API

ASP.NET

Core

其他的框架（例如 Angular）

例如 Apache、Nginx、Docker

Azure

就網頁應用程式的框架而言，ASP.NET 應該是工具與功能最齊全、規模最大的框架。

圖 8-10 Java Servlet 與 JSP 的處理

首頁
登入

登入畫面的要求

Java Servlet

來自 Servlet 的指令

認證畫面
ID
密碼
登入

JSP 顯示畫面

JSP

在畫面輸入資料

與首頁連動

Java Servlet

來自 Servlet 的指令

有大量來自顧客的相同要求

顧客頁面

成功登入的時候

感謝您再度光臨
交易狀況

JSP 顯示畫面

JSP

登入失敗

登入失敗的時候

登入失敗

請重新登入

Java Servlet 與 JSP 可迅速完成複雜的頁面處理以及應付大量的要求。

Point

∥ASP.NET 是 VB 或 C# 這類編譯語言開發的框架，JSP 是 Java 這種編譯語言開發的框架。

∥ASP.NET 與 JSP 都於需要高速處理大量來自使用者的要求的系統使用。

» 前台與後台的邊界

網頁瀏覽器端與伺服器端

在開發網頁應用程式的時候，前台通常會根據顧客要求進行設計，而這裡說的前台是指可透過網頁瀏覽器瀏覽的外觀或操作的功能，至於位於網站背面的伺服器與資料庫，或是進行相關處理的機制則稱為後台，不管是前台或後台，都由專業的工程師開發。實務所需的專業還能分成網頁瀏覽器端或是伺服器端這兩種，前台所需的專業包含 HTML、CSS、JavaScript，後台則需要 PHP、資料庫、JSP、ASP.NET 這些專業（圖 8-11、上方）。

在過去，各種處理都是由伺服器端負責，但隨著終端裝置與網頁瀏覽器的性能提升，越來越多人認為可在網頁瀏覽器端完成某些處理，所以才會轉變成使用 **8-5** 介紹的框架，**盡可能在前台完成相關處理**的開發模式（圖 8-11、下方），整個運作機制也從後台接收 HTML 的方式轉型為於前台製作 HTML 的方式。

擴充功能重新劃定了界線

若 要 再 進 一 步 探 討，可 擴 充 CSS 功 能 的 Sass（Syntactically awesome stylesheet）或 SCSS（圖 8-12、上方）這類技術也值得玩味。

若使用 **Node.js**，即可建置執行 JavaScript 的平台，以及利用 JavaScript 讀寫檔案（圖 8-12、下方）。Node.js 讓我們能在 JavaScript 的伺服器端進行開發，也能在使用 TypeScript 的時候發揮效用。TypeScript 雖然具有在網頁瀏覽器端與伺服器端執行的特徵，但還是需要 Node.js 這類 JavaScript 的執行環境。

由於有這些擴充功能，所以前台與後台的界線也越來越模糊。

圖8-11　前台與後台的概要、開發模式的轉變

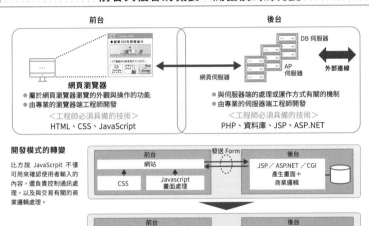

開發模式的轉變

比方說 JavaScrpit 不僅可用來確認使用者輸入的內容，還負責控制通訊處理，以及與交易有關的商業邏輯處理。

圖8-12　Sass、Node.js 的優點

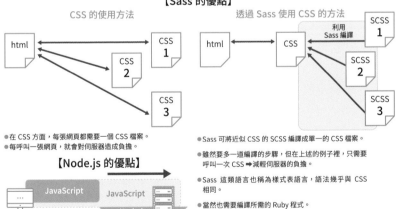

【Sass 的優點】

CSS 的使用方法　　　　　　　　　透過 Sass 使用 CSS 的方法

● 在 CSS 方面，每張網頁都需要一個 CSS 檔案。
● 每呼叫一張網頁，就會對伺服器造成負擔。

● Sass 可將近似 CSS 的 SCSS 編譯成單一的 CSS 檔案。
● 雖然要多一道編譯的步驟，但在上述的例子裡，只需要呼叫一次 CSS ➡減輕伺服器的負擔。
● Sass 這類語言也稱為樣式表語言，語法幾乎與 CSS 相同。
● 當然也需要編譯所需的 Ruby 程式。

【Node.js 的優點】

● 有 Node.js 當介面，就能在網站使用（執行）JavaScript。
● 對熟悉 JavaScrpit 但不懂 PHP 的工程師而言，Node.js 的出現是一大福音。

Point

✐ 屬於網頁瀏覽器端的機制或工程師的部分稱為前台，伺服器端則稱為後台。

✐ 慢慢地轉型為讓前台執行部分功能的開發模式。

» 網路系統常見的格式

XML 的應用方式

XML（Extensible Markup Language）是廣被各種系統應用的標記語言。HTML 是專為網路系統設計的語言，但 XML 可根據開發者的目的而定義，所以用途更廣，**各種系統也常利用 XML 交換資料。**

XML 與 HTML 都由全球資訊網聯盟 W3C（World Wide Web Consortium）制定標準。由於本書已在 **2-3** 說明了 HTML，所以這節就為大家介紹 XML。

圖 8-13 是 GPS 感測器以 XML 傳送資料的範例。name 或 lon 這類資料都是由開發者自行定義的項目名稱。只要知道 GPS 是什麼資料，就能一眼看出 lon 代表的是 Longitude：經度，lat 則是為 Latitude：緯度。

JSON 的使用方法

JSON（JavaScript Object Notation）與 XML 都是常被用來接收與傳送資料的語言。

JSON 是介於 CSV（Comma-Separated Values）與 XML 之間的格式，是為了建立 JavaScript 與其他語言之間的溝通橋樑而設計的格式，所以只要是使用 JavaScript 開發的 Web API，都很常透過 JSON 這種格式交換資料。此外，**前台與後台之間的資料也不會利用 HTML 交換，而是透過 JSON 交換**（圖 8-14、上方）。

若讓圖 8-13 的 GPS 資料套用 JSON 或 CSV 的格式，可得到圖 8-14 底下的結果。套用 JSON 的格式之後，資料容量雖然會變得簡潔，但對於人類而言，XML 還是比較容易閱讀的格式。一般來說，會根據雙方的系統與資料的特徵選擇使用 XML 或 JSON，但就目前的網路系統而言，JSON 才是主流。

圖8-13 ···················· **XML 的範例**

```
<?xml version="1.0" encoding="UTR-B"?>
 <name>GPS-0010 DataLog 2020-12-31</name>
 <kpt lon="139.7454316"lat="35.6685840">
  <time>14.01:59</time>
 </kpt>
 <kpt lon="139.7450316"lat="35.6759323">
  <time>14:06:59</time>
 </kpt>
 ...
```

- XML 常於系統交換資料時使用。
- 也有利用 XML 的語法重新定義的 HTML，這種 HTML 就稱為 XHTML
 （Extensible Hyper Text Markup Language）。

圖8-14 ···················· **JSON 與 CSV 的範例**

利用 JSON 交換資料的例子

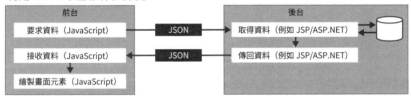

- JSON 是網路系統交換資料的主流格式。
- 分別建置前台與後台，再利用 JSON 格式交換資料的情況越來越多。

JSON 的範例　是介於 XML 與 CSV 的格式，其中也有項目名稱

```
[
    {"name":"0010","date":"20201231", "lon":"139.7454316",
 "lat":"35.658540","time":"14:01:59}
    {"name":"0010","date":"20201231", "lon":"139.7450316",
 "lat":"35.6759323","time":"14:06:59}
]
```

CSV 的範例　　資料容量較小，卻看不出是什麼資料

```
"0010","20201231","139.7454316","36.6585840","14:01:59"
"0010","20201231","139.7450316","35.6759323","14:05:59"
```

Point

⚐ XML 與 JSON 很常於系統交換資料時使用。

⚐ 讓前台與後台透過 JSON 交換資料的情況越來越多。

≫ 讓伺服器的功能各自獨立的趨勢

搭配伺服器或系統一起使用

如 **8-7** 與之前的章節所述,網頁瀏覽器或終端裝置端的功能與技術已能減輕伺服器的負擔,而另一種減輕伺服器負擔的技術就是混搭。

所謂的混搭是**於用戶端執行處理,再將多個網路服務(網路系統)組成一個網路服務(網路系統)的技術**。若能使用混搭技術,就不需要讓單一的網路服務或網路系統完成所有的處理,這也意味著能搭配已正式營運的服務使用這項技術(圖 8-15)。這種技術可讓多台伺服器或用戶端一起執行相關的處理,而不是在單一的伺服器完成所有的處理。不過在某些情況使用這項技術時,有些重點需要注意,例如在下頁這種以 Web API 提供地圖資訊的範例之中,地圖資訊業者的優劣將左右處理結果的品質。

在使用者附近設置伺服器

除了可**減輕伺服器端**負擔的混搭技術之外,在使用者周邊**設置伺服器或部分應用程式功能的邊緣運算也正如火如荼地發展中**(圖 8-16)。

用戶端可先透過混搭技術有效率地使用多台伺服器、多種服務與系統,再透過邊緣運算就近完成相關處理。

混搭技術與邊緣運算技術既可減輕系統的負擔,也能提升使用者在使用上的方便性,所以偶爾會需要使用這兩種技術。

有時會因此催生出別出心裁的技術。比方說,打包服務或系統的功能,自由地在虛擬伺服器之間穿梭的技術。這項技術將於 **8-11** 說明。

圖 8-15　　　　　　　　　　混搭技術的範例

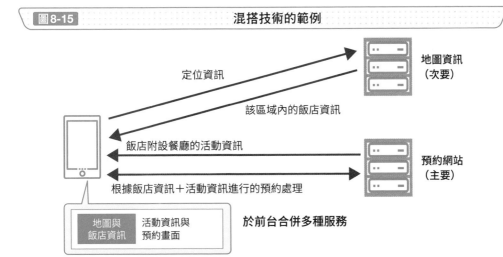

定位資訊

地圖資訊
（次要）

該區域內的飯店資訊

飯店附設餐廳的活動資訊

預約網站
（主要）

根據飯店資訊＋活動資訊進行的預約處理

| 地圖與飯店資訊 | 活動資訊與預約畫面 |

於前台合併多種服務

圖 8-16　　　　　　　　　　邊緣運算的概要

**邊緣運算就是在使用者附近廣設伺服器，
降低系統整體的負擔**

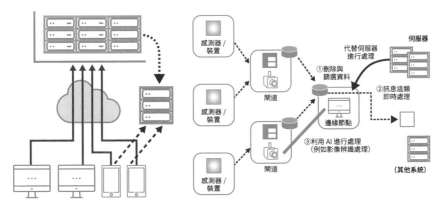

感測器／裝置

閘道

①刪除與篩選資料

②訊息這類即時處理

③利用 AI 進行處理
（例如影像辨識處理）

邊緣節點

伺服器

代替伺服器進行處理

（其他系統）

- 邊緣運算技術是網路系統或雲端服務正式上線之後使用的技術，
也是物聯網必備的功能。
- 邊緣運算技術最初是為了減輕伺服器的負擔，但現在已變成與
各種服務建立互動的技術（將邊緣節點當成 Hub 使用）。

Point

📎 混搭技術是於用戶端組合多個網路服務的技術。

📎 目前的趨勢是組合多個網路服務或是將功能移至其他伺服器，藉此減輕伺服器端
負擔。

≫ 結帳處理的外部連線方式

外部連線方式的範例

網路系統除了使用內建的應用程式，也常與其他公司的系統一起使用。本節將以與第三方支付公司的連線方式為例，介紹應用程式與外部連線的方式。

以現況而言，企業或個人不需要自行開發支付機制，只需要採用支付服務即可。在這個第三方支付的例子裡，主要有三種與外部連線的方式。

- **連結方式（例如 CGI）（圖 8-17、上方）**

  從網路商店連往第三方支付的網站結帳，再回到原本的網路商店（網路商店不會儲存信用卡資訊）。

- **API（資料傳送）方式（專用程式）（圖 8-17、下方）。**

  網路商店準備一張以 SSL 接收信用卡資訊的頁面，再利用第三方支付的伺服器的 API 進行處理（網路商店會儲存信用卡資訊）。

- **代碼方式（例如使用指令）（圖 8-18）**

  先利用指令加密信用卡資訊，再將加密之後的資訊傳送給第三方支付的公司，之後都以加密的資料進行處理（看起來很像儲存了信用卡資訊，但其實沒有）。

可依照儲存信用卡資訊的安全性風險以及使用者的觀感或使用上的方便性，選擇最佳的外部連線方式。

完成處理的方法不只一種

這次雖然是以第三方支付為例，但這的確是足以代表外部連線的例子。**網路上有許多完成處理的方法，建議大家在面對問題時，告訴自己完成處理的方法不只一種。**

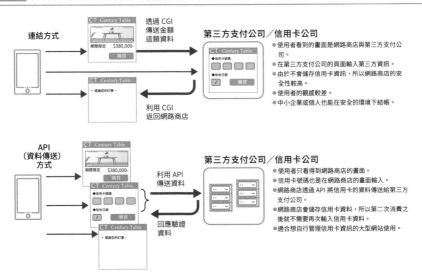

圖 8-17 　連結方式與 **API** 方式的概要

連結方式

透過 CGI 傳送金額這類資料

利用 CGI 返回網路商店

第三方支付公司／信用卡公司

- 使用者看到的畫面是網路商店與第三方支付公司。
- 在第三方支付公司的頁面輸入第三方資訊。
- 由於不會儲存信用卡資訊，所以網路商店的安全性較高。
- 使用者的觀感較差。
- 中小企業或個人也能在安全的環境下結帳。

API（資料傳送）方式

利用 API 傳送資料

回應驗證資料

第三方支付公司／信用卡公司

- 使用者只看得到網路商店的畫面。
- 信用卡號碼也是在網路商店的畫面輸入。
- 網路商店透過 API 將信用卡的資料傳送給第三方支付公司。
- 網路商店會儲存信用卡資料，所以第二次消費之後就不需要再次輸入信用卡資料。
- 適合想自行管理信用卡資訊的大型網站使用。

圖 8-18 　代碼方式的概要

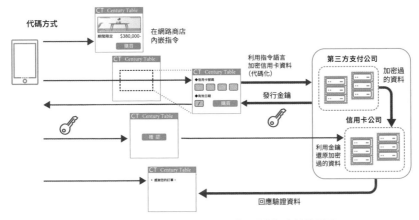

代碼方式

在網路商店內嵌指令

利用指令語言加密信用卡資料（代碼化）

發行金鑰

第三方支付公司

加密過的資料

信用卡公司

利用金鑰還原加密過的資料

確認

回應驗證資料

- 使用者會看到網路商店的畫面，以及難以理解的第三方支付公司畫面。
- 可兼顧外觀（與網路商店的畫面保持一致性）與安全性（不會儲存信用卡資料）的優點。
- 這類機制有些複雜。

Point

✎ 若以第三方支付作為說明外部連線的例子，可將外部連線分成連結方式、API 方式與代碼方式三種。

✎ 在思考網路系統與外部系統的連線方式時，從多種連線方式之中挑選會是比較適當的方法。

» 伺服器虛擬化技術

伺服器虛擬化技術的主流

越來越多網路系統是透過網路供應商或雲端服務業者提供的虛擬伺服器建置，本節將介紹伺服器虛擬化技術。

之前引領虛擬化機器的產品包含 VMWare vSphere Hypervisor、Hyper-V、Xen、Linux 功能之一的 KVM，而這些都被歸類為 **Hypervisor** 類型。

雖然 Hypervisor 類型是**目前虛擬化軟體的主流**，但基本上是於實體伺服器執行的虛擬化軟體，之後再於這個軟體執行 Linux 或 Windows 的 Guest OS。由 Guest OS 與應用程式組成的虛擬伺服器的運作可不受 Host OS 的影響，所以可讓多台虛擬伺服器有效率地運作。在 Hypervisor 類型成為主流之前，也有所謂的 **Host OS** 類型，但這種類型的處理速度很常被拖垮，所以目前只有少數負責關鍵任務的系統使用（圖 8-19）。

可能成為今後主流的輕量化虛擬架構

一般認為，**Container** 類型很有可能成為今後的虛擬化技術主流。要建立容器（container）需要使用 **Docker** 這種軟體。

Container 類型的 Guest OS 是透過與 Host OS 共用核心（Kernel）功能，達成輕量化這個目的。容器之中的 Guest OS 只具備必需的函式庫，所以能減輕 CPU 與記憶體的負擔，實現高速處理的目標，而且啟動應用程式的速度更加流暢，也更能有效率地應用資源。另一個重點是**虛擬伺服器的套件也變得輕薄短小**（圖 8-20）。假設每個伺服器都有 container 環境，**就能將每個容器裡的虛擬伺服器移植到另外的伺服器**。

圖8-19 **Hypervisor 類型與 Host OS 類型**

Hypervisor 類型

- ●OS 與虛擬化軟體幾乎融為一體，所以可提供完整的虛擬環境。
- ●故障時，很難區分問題是在虛擬化軟體還是 OS。
- ●常見於新系統。

Host OS 類型

- ●從虛擬伺服器存取實體伺服器的時候，是透過 Host OS 存取，所以速度會被拖慢。
- ●故障時，比 Hypervisor 類型更容易找出問題。
- ●在傳統的關鍵任務系統仍受歡迎。

圖8-20 **Container 類型與移動容器內的虛擬伺服器**

Container 類型

- ●虛擬化軟體（Docker）將每個 OS 分割成適合使用者操作的容器。
- ●每個容器都可獨立使用實體伺服器的資源。
- ●容器裡的 Guest OS 能與 Host OS 共用核心功能。

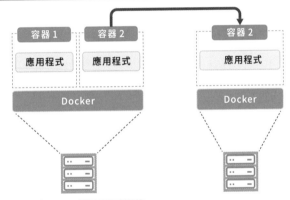

- ●若同為 Docker 環境就能順利移植。
- ●可連應用程式一併移植，所以非常容易管理。
- ●熟悉建置方式之後，只需要 1 個應用程式與容器就能建置需要的系統，但就實務而言，以 1 個容器、多個應用程式建置的模式比較常見。

Point

🖊伺服器虛擬化技術以 Hypervisor 類型為主流。

🖊今後將以 Container 類型為主流，虛擬伺服器將可變得更輕薄短小，移植時，可將整個容器一併移植。

》 網路系統的新潮流

網路系統與容器

拜框架普及之賜，網頁應用程式與網路系統的使用者認證作業或其他相關作業都已成為固定的模式。

使用 **8-10** 解說的容器機制可替**每項服務或系統功能建立內容，再於其中建立虛擬伺服器**。以網路系統為例，可替認證、資料庫、資料分析、資料顯示這類服務建立容器。由於這些服務或應用程式都是 OSS，所以得經常更新或升級版本，但只要先建立為其他的虛擬伺服器就能順利更新，也不會影響其他伺服器。

管理一連串的容器

只要具備 Docker 與網路環境，這些服務的容器就**不一定要放在同一個實體伺服器**。不過，要管理這些服務，以及讓這些服務以何種順序執行是需要協調的，換言之，必須管理位於不同伺服器的容器的關聯性（圖 8-21）。最具代表性的 OSS 就是 **Kubernetes**。只要具備 Kubernetes 這類軟體，就不用在意容器位於哪台伺服器，所以伺服器可分成專為分析大量資料的高規格伺服器，以及只為認證使用者的一般伺服器，伺服器也能橫跨雲端服務業者與網路供應商（圖 8-22）。

如果能想像網路系統的未來與最終形態，就能定義服務、應用程式以及相關的虛擬伺服器與實體伺服器之間的關係。容器與協調也將是虛擬伺服器與實體伺服器互動的方式之一。

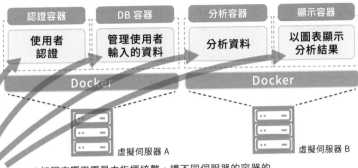

圖 8-21 建立容器的範例

以實際的情況來看，就算應用程式分處不同的伺服器，通常會想依照認證、DB→分析→顯示的流程執行應用程式。

認證容器 使用者認證
DB 容器 管理使用者輸入的資料
分析容器 分析資料
顯示容器 以圖表顯示分析結果

Docker　Docker

虛擬伺服器 A　虛擬伺服器 B

● 如同交響樂團是由指揮統整，讓不同伺服器的容器的應用程式依序執行與互動是最理想的狀態。
● 這類機制就稱為協調。

圖 8-22 **Kubernetes 的功能簡介**

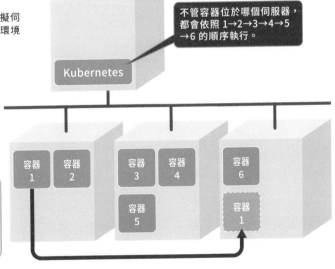

● Kubernetes 可控制容器之間的關係與執行順序。
● 雖然實體伺服器不變，但虛擬伺服器與容器需要更高規格的環境執行。

位於虛擬伺服器的容器會隨著伺服器的性能、負荷或是使用情況調整資源。

不管容器位於哪個伺服器，都會依照 1→2→3→4→5→6 的順序執行。

Kubernetes

容器1 容器2 容器3 容器4 容器6 容器5 容器1

冷知識
◦ Kubernetes 常寫成「k8s」。
◦ 意思是 "k"+8 個文字（ubernete）＋語尾的 s

Point

▱ 替各項服務與系統的功能建立容器，容器就能放在不同的實體伺服器。

▱ 除了將多台虛擬伺服器放在同一台實體伺服器，也可以放在不同的實體伺服器。

» 實測網頁伺服器的負荷

利用測試負荷工具進行測試

本節要透過實際測試網頁伺服器所得的數值說明評估性能的方法。近年來，網路系統的規模越來越大，事先建立測試環境，一邊實測，一邊開發網路系統的情況也越來越多。由於在雲端環境下開發網路系統的情況越來越多，開發環境與正式環境越來越接近，也越來越重視所謂的使用者體驗。

為了更正確地測試系統，會先訂立測試條件，再利用測試伺服器負荷的工具以及說明 CPU 與記憶體使用狀況的工具進行測試。本節要為大家介紹免費的負荷測試工具。

圖 8-23 是 Apache JMeter 的畫面。這項工具可在測試之前設定同時的連線數、連線間隔與重複次數。知名的工具通常會先定義必須測試的負荷項目有哪些，所以可設定最大連線數再開始測試。

監控 CPU 與記憶體的使用情況

雖然有些測試工具可一併監控伺服器的 CPU 與記憶體的使用情況，不過本書要介紹的是 Linux 的 dstat 指令。接著要試著利用負荷測試工具增加伺服器的負擔，即時監控伺服器的資源使用情況。圖 8-24 是監控 CPU 與記憶體負荷的示意圖。

在已經上線的網站進行負荷測試，會發現瀏覽首頁或其他固定頁面的時候，不會對伺服器造成任何負擔，只要在搜尋、瀏覽、購買商品這類與資料庫有關的操作增加時，才會造成伺服器的負擔，所以**在訂立測試計畫以及預估需要的性能時，也必須兼顧這個部分。**

圖 8-23 負荷測試工具的設定範例

Apache JMeter 的設定範例

- Number of Threads（users）是同時連線數
- Ramp-up period（seconds）是連線間隔時間
- Loop Count 是重複次數

這次的範例分別設定為 20、1、100。

也可以從 Windows 電腦測試，但除了安裝 Apache JMeter，還必須另外安裝 Java。

圖 8-24 監控 CPU 與記憶體的使用情況

dstat 的執行畫面

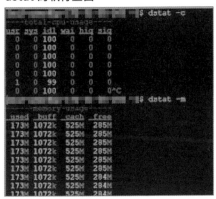

- dstat 是顯示 CPU 與記憶體負荷的指令。可利用 sudo yum install dstat 這項指令安裝。

- dstat -c 可顯示 CPU 的使用率，dstat -m 可顯示記憶體的使用率。雖然資料有點長，但還是可以順利瀏覽。

- 要在執行負荷測試工具的狀態下監控時，可利用這項指令。

※ 第 6 章的「小試身手」也介紹了用戶端在操作資料庫時的負荷，但就實務而言，必須從伺服器、資料庫、用戶端的角度測試負荷。

Point

✎ 利用測試伺服器負荷的工具實測負荷。

✎ 測試負荷之前，也必須選擇監控 CPU、記憶體使用情況的方式。

» 預估虛擬伺服器需要的性能

預估性能的方法

不管是要建立網路系統還是其他系統，都需要預估伺服器需要的性能。本節將以基本的業務系統為例，說明預估伺服器所需性能的方法。

預估伺服器所需性能的方法共有下列三種（圖 8-25）。

- **紙上計算**

  根據使用者的需要加總所需的 CPU 性能。

- **參考實例或是採納製造商的建議**

  參考實例或是軟體製造商的建議。

- **根據工具驗證或實測之後的資料預估**

  先利用工具測試負荷或使用情況，再根據測試結果預估伺服器所需的性能。也可以使用 **8-12** 說明的專用軟體預估。

預估虛擬伺服器所需性能的範例

讓我們如圖 8-26 所示，試著以伺服器具有 OS、6 套軟體以及 5 組虛擬用戶端軟體的情況，預估在虛擬環境下運作的業務系統的伺服器，需要多少性能才足以應付。就過去的實例與軟體製造商的建議而言，若要使用 VMWare，伺服器的 **CPU 核心數**與記憶體最好是 4 核心與 8GB，用戶端最好是雙核心與 4GB，所以簡單計算一下，會發現伺服器的 CPU 最好具備 43 核心，記憶體則需要 85GB。

一般來說，都會利用這種基準值計算伺服器所需的性能。如果是本地系統，會準備比基準值高一點的性能，以免之後還要變更系統的架構，但如果是雲端服務，則可邊使用邊調整。

圖8-25 預估伺服器所需性能的方法

實例

製造商建議

負荷測試

工具

紙上計算　　　參考實例或是　　　安裝工具
　　　　　　　採納製造商的　　　再測試需要的性能
　　　　　　　建議　　　　　　　與可能發生的負荷

圖8-26 預估業務系統虛擬伺服器所需性能的範例

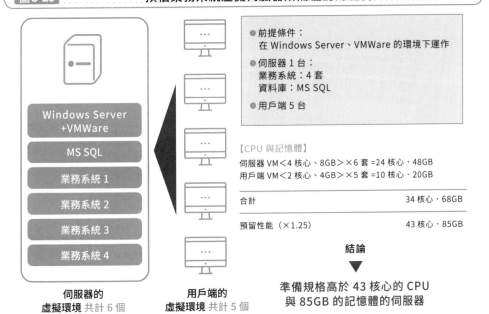

● 前提條件：
在 Windows Server、VMWare 的環境下運作

● 伺服器 1 台：
業務系統：4 套
資料庫：MS SQL

● 用戶端 5 台

【CPU 與記憶體】
伺服器 VM＜4 核心、8GB＞×6 套 =24 核心．48GB
用戶端 VM＜2 核心、4GB＞×5 套 =10 核心．20GB

合計　　　　　　　　　　　　　　34 核心．68GB

預留性能（×1.25）　　　　　　　43 核心．85GB

結論
▼
準備規格高於 43 核心的 CPU
與 85GB 的記憶體的伺服器

Windows Server +VMWare
MS SQL
業務系統 1
業務系統 2
業務系統 3
業務系統 4

伺服器的
虛擬環境 共計 6 個

用戶端的
虛擬環境 共計 5 個

Point

✐ 預估伺服器所需性能時，可先在紙上計算，或是參考實例、採納製造商的建議，也可以利用工具進行驗證或實測再預估。

✐ 預估虛擬伺服器所需性能時，可根據所需的 CPU 核心數與記憶體計算。

》 資料分析系統的架構

資料與歷程資料的分析

網路系統會儲存大量的資料，例如應用程式收集到的資料或是於存取系統時產生的歷程資料。後續的 **9-4** 也會提到的是，從系統與商務的角度來看，分析各種資料的系統扮演了相當重要的角色。本節將介紹利用 OSS 建置分析與顯示資料的系統。

應用程式的資料或於存取系統時產生的歷程資料，都會放在資料庫或 OS 的 Log 資料夾。就圖 8-27 的架構而言，可利用 **Elasticsearch** 這套全文搜尋應用程式分析長期累積的資料，再利用 Kibana 以視覺效果的方式顯示分析結果。建議大家先知道有這類可以**在網路環境分析大量資料的機制與工具**。

就虛擬伺服器的軟體架構而言，使用者只看得到 Kibana 的畫面，但後台卻有 Elasticsearch、AP 伺服器功能、MongoSQL、Apache 這些軟體正在執行（圖 8-27）。

這類系統也會用來分析流量或其他的歷程資料，或是在需隨時從多種裝置上傳制式資料的物聯網系統中使用。

應用容器的架構範例

上述是系統於虛擬伺服器建置的架構，而圖 8-28 則是使用了 **8-10**、**8-11** 的容器技術之後，架構會有什麼改變的示意圖。

若要使用容器技術，必須安裝 Docker 或 Kubernetes 這類容器型虛擬平台。一旦容器會移動到最適合的伺服器，**就必須以另外的方式取得歷程資料**。

圖8-27於虛擬伺服器建置歷程資料分析系統的範例

於虛擬伺服器建置歷程資料分析系統的範例

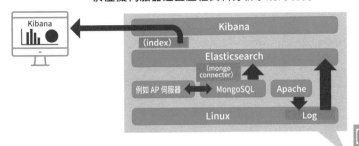

- Elasticsearch 是全文搜尋應用程式,要支援中文必須另外安裝「IK Plugin」這套外掛程式。
- 全文搜尋是根據關鍵字從多篇文字內容找出目標資料的機制,這也是搜尋引擎的基本架構。
- MongoSQL 或 Linux 都會將存取歷程資料放在 Log 資料夾,所以將資料夾的存取權限(ReadOnly)開放給 Elasticsearch,就能從 Elasticsearch 存取與分析每個資料庫或資料夾的資料。
- 分析結果將儲存為 Index 檔案(會說明是從哪個檔案的哪裡找到目標資料)。
- Kibana 則會根據 Index 的內容繪製圖表。

圖8-28應用容器技術的架構

應用容器技術的架構

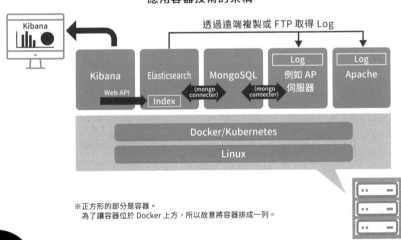

※正方形的部分是容器。
為了讓容器位於 Docker 上方,所以故意將容器排成一列。

Point

- 這是在網路環境下利用 OSS 分析資料與顯示分析結果的典型架構。
- 於虛擬伺服器建置的網路系統也可以應用容器技術,但必須視情況變更取得資料的方法。

小 試 身 手

挑選應用容器技術的服務

本書於第 8 章説明了容器的概念以及相關技術。容器是引領現行雲端服務的技術之一，在此要帶著大家試著於現有的網路系統應用容器技術。

若是熟悉容器技術的人，通常會以「1 個服務（應用程式）╱ 1 個容器」的形式應用這項技術，我們可以將這種形式視為應用這項技術的基準之一。

請試著思考該如何在下列的情況應用容器技術。答案當然可以是複選。

> **情況：**
>
> 希望網頁顯示業績清單，這項目標由下列三種功能實現。
>
> - 利用 **OSS1** 顯示業績清單的服務。
> - 利用 **OSS2** 分析業績清單資料的服務。
> - 利用 **OSS3** 管理業績清單資料的服務。

應用方式

方式 1

從利用多個小型服務實現目標以及替換容器內部零件，也不會對其他容器造成影響的想法來看，可為顯示分析結果服務（OSS1 啟動 + 顯示分析結果的處理）與資料分析服務（OSS2 啟動 + 資料分析處理）建立三個容器，如此一來，就算需要從 OSS1 換成 OSS4，也不會對其他容器造成影響。

方式 2

若從處理資料的流程來看，其實處理的是同一筆資料，所以可將處理相同資料的服務全部放在同一個容器裡。

本書這次介紹了以服務的種類建立容器的方式，也介紹了根據資料的種類建立容器的方式，不過大家仍可視用途決定建立容器的方法。

安全性與維護

~網路與系統的安全性與維護方式~

第 9 章

≫ 對抗威脅的安全性策略

對付不當存取的對策

網路系統與資訊系統的安全性威脅以**不當存取**為主，相應的對策也已非常成熟與標準化。

當網站或系統遇到來自外部的不當存取，資料就有可能外洩，使用者也有可能遇到冒名使用的騙子，更有可能造成金融方面的損害，所以為了避免這類風險，必須避免來自外部與內部的不當存取。許多人或許會以為網路的安全性威脅通常來自外部，但其實雲端服務業者也採用了許多避免內部不當存取的對策。圖 9-1 為大家整理了各種系統因應不當存取的策略。

網路系統的安全性策略

網際網路的服務則比網路系統或資訊系統更加複雜，除了會遇到來自外部與內部的不當存取，還得**面對各種攻擊、入侵或其他的安全性威脅**（圖 9-2）。可能遇到的威脅如下。

＜惡意攻擊＞

- 收到垃圾郵件或是附件很詭異的郵件。
- 利用大量資訊導致伺服器當機的攻擊。
- 以冒名使用的方式針對某些目標攻擊。
- 針對 OS 漏洞的攻擊。

一般認為，即使是單日有幾萬人瀏覽的企業網站，也有幾成的流量是惡意攻擊。下一節將為大家介紹因應大流量與惡意攻擊的安全性策略。

| 圖 9-1 | 因應不當存取的對策 |

安全性威脅	對策
來自外部的不當存取	●防火牆 ●非軍事區（DMZ） ●與伺服器交換的資料全部加密
來自內部的不當存取	●使用者管理 ●確認存取歷程資料 ●監控裝置操作

| 圖 9-2 | 網路系統可能遇到的安全性威脅 |

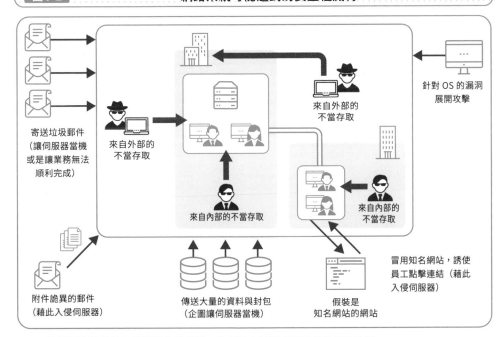

寄送垃圾郵件
（讓伺服器當機
或是讓業務無法
順利完成）

來自外部的
不當存取

來自外部的
不當存取

針對 OS 的漏洞
展開攻擊

來自內部的不當存取

來自內部的
不當存取

附件詭異的郵件
（藉此入侵伺服器）

傳送大量的資料與封包
（企圖讓伺服器當機）

假裝是
知名網站的網站

冒用知名網站，誘使
員工點擊連結（藉此
入侵伺服器）

● 雲端服務業者採用的對策非常廣泛，能承受上述帶有惡意的針對性攻擊。
● 部分大型企業也採用相同等級的對策。
● 近年來，有些企業會設立網路安全中心。

Point

🖉 一般皆需針對可能遇到的威脅制定安全性策略。

🖉 只要會連上網，就必須備妥因應惡意攻擊的對策。

≫ 安全性策略的實體架構

防火牆與非軍事區

安全性策略分成外部與內部兩種,而不論規模大小,網路供應商、雲端服務業者、企業或團體都會採用相同的**實體安全性策略**。為了方便說明,讓我們先了解實體的架構。

如圖 9-3 所示,前端的網際網路安全性策略都會設置防火牆,內部網路之間則會設置非軍事區。防火牆是於內部網路與外部網路的邊界負責管理通訊狀態,藉此保護伺服器的機制。穿過非軍事區之後,即可進入內部網路,但入口處有分散流量的機制,穿過入口之後,則是大批的伺服器。

防火牆與非軍事區已是現行網路系統的標準配備,有時會依照系統的規模或是針對各項功能分設多台相關的裝置,例如網路供應商或雲端服務業者的系統通常非常龐大,所以會設置多台防火牆或非軍事區的裝置或伺服器。

依照功能訂立不同的防禦措施

基本上,都會在防火牆或非軍事區排除來自外部的不當存取。

圖 9-4 是從側邊觀察圖 9-3 的圖。防火牆會擋住未經認證的存取之外,非軍事區也會堵住這類存取。這種**依照不同功能訂立的階層式防禦方式**又稱為多重防禦。

防火牆不會擋住所有存取,而是會讓 **3-8** 說明的特殊協定或連接埠通過,例如會讓來自特定資訊來源、IP 位址與協定的存取通過。

接著為大家介紹非軍事區的機制。

圖9-3　安全性策略的實體架構示意圖

資料中心的內部網路

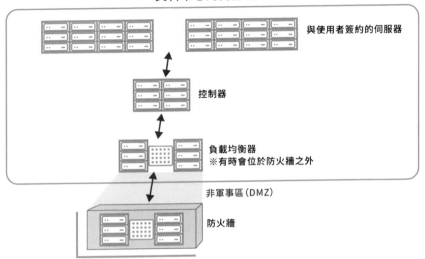

與使用者簽約的伺服器

控制器

負載均衡器
※有時會位於防火牆之外

非軍事區(DMZ)

防火牆

圖9-4　防火牆與非軍事區的任務

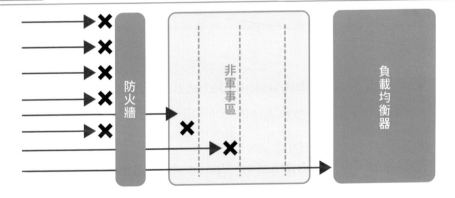

- 防火牆會讓來自特定資訊來源、IP 位址或通訊協定通過。
- 防火牆與非軍事區會擋住不當存取與惡意攻擊。
- 只要事先訂立規則,就能只讓經過認證的資料經過。

Point

防火牆與非軍事區屬於安全性策略的實體架構。

依照功能打造的階層式防禦措施又稱為多重防禦。

》 非軍事區的防禦措施

安全性策略專用的網路

防火牆與內部網路之間的緩衝區稱為非軍事區（DMZ、DeMilitarized Zone）。DMZ 是**安全性系統專用的網路**，有時也稱為 DMZ 網路，通常會**於入口處設置具有安全性策略的實體伺服器或網路裝置**。其實一開始也會像圖 9-5 一樣，增加安全性策略專用的硬體或是利用軟體監控，有時也會依照不同的功能準備對應的硬體，也有將所有功能放在同一個硬體的情況。後者稱為 **UTM**（Unified Threat Management：整合式威脅管理）。以一般的企業而言，通常會以 1 台 UTM 因應不同的安全性威脅，而資料中心則會增設多台 UTM，藉此抵擋安全性威脅。

偵測與阻止入侵的系統

DMZ 的前端是由下列的系統組成（圖 9-6）。

- **入侵偵測系統（IDS：Intrusion Detection System）**

  如同我們會利用監視器偵測異常行為，也會透過系統偵測非預期的通訊活動。一般來說，都會透過研究攻擊方式，制定安全性策略。

- **入侵防護系統（IPS：Intrusion Prevention System）**

  自動阻斷異常通訊的機制。只要判斷是不當存取或攻擊，就會禁止這類存取。

這些防禦機制可統稱為 IDS/IPS 或 IDPS，也都扮演著非常重要的角色。

圖 9-5 DMZ 最初的兩種流程

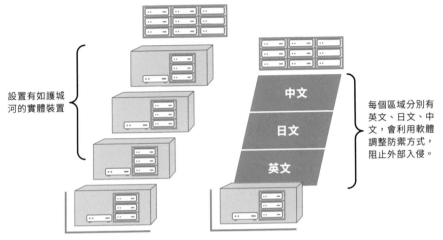

設置有如護城河的實體裝置

每個區域分別有英文、日文、中文，會利用軟體調整防禦方式，阻止外部入侵。

DMZ 原本是利用硬體強化防火牆功能以及利用軟體進行控制，但現在已透過虛擬化技術合併這兩個部分。

圖 9-6 DMZ 網路的架構

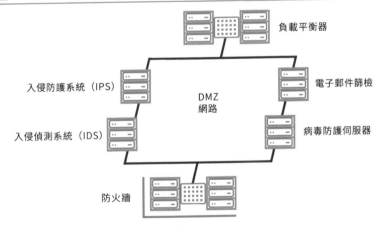

負載平衡器

入侵防護系統（IPS）

DMZ 網路

電子郵件篩檢

入侵偵測系統（IDS）

病毒防護伺服器

防火牆

● DMZ 網路位於防火牆之後。
● 有許多功能各有不同的伺服器種。
● 分成不同的裝置可快速強化各種功能與策略。
● 一般企業會以一台 UTM 統整所有功能。

Point

✎ DMZ 是保護內部網路的安全性策略專用機器與網路。

✎ 會於 DMZ 的入口設置入侵偵測系統。

» 非軍事區之後的防禦措施

通過 IDS / IPS 之後的因應對策

IDS / IPS 可擋住異常的存取或是 **DoS**（Denial of Service）攻擊這類在短時間內大量存取，導致伺服器無法應付的攻擊，不過有些不當的資料卻會偽裝為正常資料穿過 IDS / IPS。

為了防堵這類問題，會設置 **WAF**（Web Application Firewall）這類檢查通訊內容有無包含不當資料的機制。有時會利用專門的機器或軟體執行這項檢查，但設立這種檢查機制的難度極高，目前只有大型網站或雲端服務業者使用（圖 9-7）。

WAF 的種類有很多，有的是根據過去的紀錄阻斷特定連線類型的黑名單類型，有些則是比對正常連線的白名單類型，不過要比對的正常連線數非常多。WAF 也可處理 SQL 隱碼攻擊或跨站腳本攻擊（Cross Site Scripting）這類針對網站弱點的攻擊。網路供應商或雲端服務業者也將 WAF 定義為需要高度知識與技術的服務。

進行歷程分析與反映分析結果的系統最為重要

WAF 與 **9-3** 介紹的 DMZ 是網路供應商、雲端服務業者、經營大型網站的企業都必須建立的安全性策略。

為了進一步提升安全性，還得**累積與分析不當存取、惡意攻擊的資料**。這些業者都能利用特有的技術與知識分析歷程資料，並且透過系統將分析結果應用在 DMZ 網路的防護措施上。從圖 9-8 這張示意圖可以發現，分析歷程資料以及套用分析結果的系統，是目前安全性策略的重中之重。

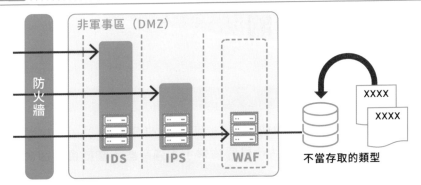

圖 9-7 WAF 的概要

非軍事區（DMZ）

防火牆

IDS　IPS　WAF

不當存取的類型

XXXX
XXXX

● 穿過防火牆、IDS、IPS 之後，會由 WAF 進行檢查。
● 會根據隨時可新增或更新不當存取種類的黑名單阻斷連線。
● WAF 是需要高度知識與技術的防護措施，所以要價不斐。

圖 9-8 於安全性策略扮演重要角色的歷程分析

②將分析結果套用至 IDS/IPS 的處理

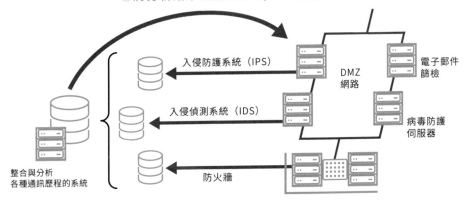

入侵防護系統（IPS）

DMZ
網路

電子郵件
篩檢

入侵偵測系統（IDS）

病毒防護
伺服器

整合與分析
各種通訊歷程的系統

防火牆

①提供歷程資料給負責分析的系統

● 雲端服務業者會建置專為分析歷程資料的資料庫系統。
● 分析歷程資料是安全性對策的重中之重。

Point

✎ 利用 WAF 處理突破 IDPS 的不當存取。

✎ 要讓 DMZ 或 WAF 充份發揮功效，就必須準備一套能分析過去所有不當的存取，再應用分析結果的系統。

» 保護顧客的機制

企業系統的身分認證

假設企業被不懷好意的第三方盜用 ID、密碼或是其他的會員資訊，又或者因為有人冒名使用而洩露了個人資料或其他重要資訊，企業的信用將蕩然無存，所以企業都會極力避免上述的情況發生。

企業的網路系統通常會為了驗證員工身分而使用**多重要素驗證技術**（Multi-Factor Authentication：MFA），例如透過 ID、密碼、IC 卡、生物辨識技術或是只允許業務專用電腦存取資料庫（圖 9-9）。商務網路系統有時為了方便顧客使用，很難如此嚴格把關，所以負責經營系統的團隊會想辦法拿捏兩者之間的平衡。

冒用與盜取密碼的對策

此時有可能遇到的威脅與相關對策如下（圖 9-10）。

- **密碼破解**：取得 ID 的第三方利用程式不斷嘗試密碼，藉此冒用正牌貨的身分。對策就是要求使用者設定強度更高的密碼或是經常更換密碼，也會使用 **CAPTCHA**（Completely Automated Public Turing Test To Tell Computers and Humans Apart）這種確認使用者是否為機器人的策略。
- **連線截奪**：利用某種方式取得 **2-14** 介紹的 Session 與 **2-13** 介紹的 Cookie，再盜用資訊的威脅。可透過阻斷異常終端裝置或 IP 位址的連線因應這類威脅。

這些都是既有的網路安全性對策，商務網站也都會採用多重要素驗證方式，進行更嚴格的把關。

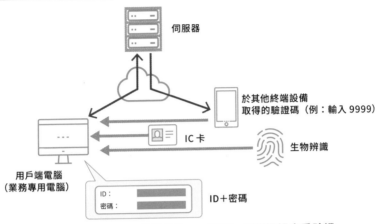

圖 9-9 多重要素驗證的概要

伺服器

於其他終端設備
取得的驗證碼（例：輸入 9999）

IC 卡

生物辨識

用戶端電腦
（業務專用電腦）

ID：
密碼：

ID＋密碼

除了需要在業務專用電腦輸入 ID＋密碼，還得通過多重驗證。

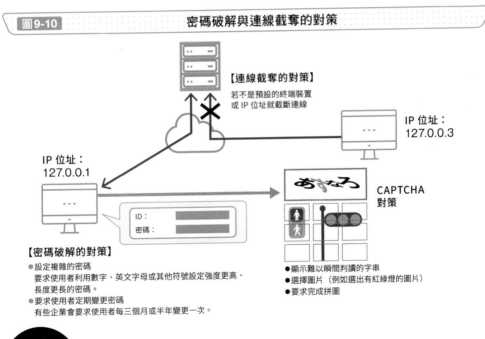

圖 9-10 密碼破解與連線截奪的對策

【連線截奪的對策】
若不是預設的終端裝置
或 IP 位址就截斷連線

IP 位址：
127.0.0.3

IP 位址：
127.0.0.1

ID：
密碼：

CAPTCHA
對策

【密碼破解的對策】
● 設定複雜的密碼
　要求使用者利用數字、英文字母或其他符號設定強度更高、
　長度更長的密碼。
● 要求使用者定期變更密碼
　有些企業會要求使用者每三個月或半年變更一次。

● 顯示難以瞬間判讀的字串
● 選擇圖片（例如選出有紅綠燈的圖片）
● 要求完成拼圖

Point

✎ 許多企業的系統都採用多重要素驗證方式確認身分。

✎ 為了避免密碼或連線被盜取而採取了相關的策略。

» 內部的安全性策略

避免內部不當存取的對策

只要提到安全性策略，大部分的人都會聯想到來自外部的不當存取，但其實只要當網路服務或系統供應商**內部有防止未經授權存取的措施時，這些安全性策略才能發揮作用**。一般來說，內部都會採用下列這種驗證方式或是資料保密的對策（圖 9-11）。

＜存取與使用的限制＞

● **驗證機制**：利用使用者名稱、密碼、憑證或是生物辨識進行多重驗證。
● **使用限制**：分別設定管理者、開發人員、成員與其他角色的權限，再依照業務內容指派角色。這種方式又稱為角色型存取控制。

＜資料保密＞

● **加密傳送的資料**：例如 VPN、SSL。
● **加密儲存的資料**：先加密再存入儲存裝置。
● **追蹤與監控不當使用**：追蹤或監控有沒有奇怪的使用者使用資料。

這些對策已成為企業或團體的網路系統必備措施。

嚴格控管對伺服器的存取

資料中心通常會**在員工的驗證或存取這塊嚴格把關**。存取控制是由嚴格的使用者身分驗證、存取控制保留歷程資料的各種監控機制組成，是非常嚴密的系統，有部分的大企業都已採用這類系統（圖 9-12）。

圖 9-11 於網路服務常見的安全性策略

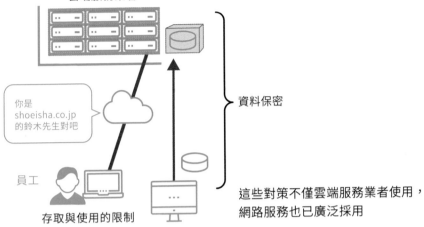

雲端服務業者

你是
shoeisha.co.jp
的鈴木先生對吧

員工

存取與使用的限制

資料保密

這些對策不僅雲端服務業者使用，
網路服務也已廣泛採用

圖 9-12 資料中心的存取控制

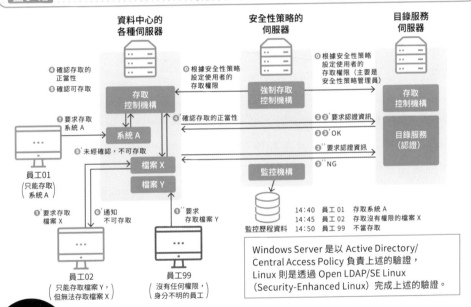

資料中心的
各種伺服器

安全性策略的
伺服器

目錄服務
伺服器

❹確認存取的
正當性
❺確認可存取

❻根據安全性策略
設定使用者的
存取權限

存取
控制機構

強制存取
控制機構

存取
控制機構

❼根據安全性策略
設定使用者的
存取權限（主要是
安全性策略管理員）

❶要求存取
系統 A

系統 A

❹'確認存取的正當性

❷❷'要求認證資訊

目錄服務
（認證）

❸❸'OK

❺'未經確認，不可存取

檔案 X

❷''要求認證資訊

檔案 Y

監控機構

❸''NG

員工01
（只能存取
系統 A）

❶'要求存取
檔案 X

❺'通知
不可存取

❶''要求
存取檔案 Y

14:40 員工 01　存取系統 A
14:45 員工 02　存取沒有權限的檔案 X
監控歷程資料　14:50 員工 99　不當存取

員工02
（只能存取檔案 Y，
但無法存取檔案 X）

員工99
（沒有任何權限，
身分不明的員工）

Windows Server 是以 Active Directory/
Central Access Policy 負責上述的驗證，
Linux 則是透過 Open LDAP/SE Linux
(Security-Enhanced Linux) 完成上述的驗證。

Point

✎防堵內部不當存取的對策，與防堵外部不當存取的對策是並行不悖的狀態。

✎資料中心會使用嚴格控管存取的系統。

≫ 正式上線之後的管理模式

正式上線後的管理模式

網路系統與一般系統上線之後,主要會以兩大模式管理(圖9-13)。

- 運作管理

  定期監控使用情況、管理性能,需不需要變更系統的架構,以及排除系統障礙。如果使用的是租用主機服務或雲端服務,就不需要自行監控使用情況與管理性能。

- 系統維護

  這種模式較適用於大型系統,其中包含性能管理、版本升級、功能追加、排除錯誤與障礙。有時系統維護會在經過一段時間之後結束。

中小型的系統通常只需要管理運作情況。

連管理運作情況都可使用 OSS 的時代

若需要自行管理運作情況,就得在需要管理或監控的伺服器安裝專用軟體。該使用何種專用軟體雖然是個問題,但其實現在已是可使用 OSS 管理的時代,例如可使用 **Zabbix** 或 Hinemos 監控,其中又以 Zabbix 是雲端服務業者或網路供應商最常使用的監控軟體(圖9-14)。

雖然 Zabbix 會將監控資料存入資料庫,但除了可使用商用資料庫,還能使用 MySQL、PostgreSQL 這類 OSS。雖然每位工程師的技術不一定相同,但現在已是**從系統開發到運作監控都能利用 OSS 完成的時代**。

圖 9-13 正式上線之後的管理模式

兩種管理模式		內　容	備　註
正式上線之後的管理模式	①運作管理 （系統運作負責人）	●運作監控、性能管理 ●變更架構、排除障礙	定型、制式化的運作方式
	②系統維護 （系統工程師）	●性能管理、版本升級、追加功能 ●排除錯誤與障礙	非定型、 制式化的運作方式

●大型系統或發生故障，影響甚鉅的系統所使用的管理模式。

●小型系統或部門內部封閉系統通常只需管理運作情況。

●有時會同時採用①與②的管理模式。

圖 9-14 Zabbix 的概要

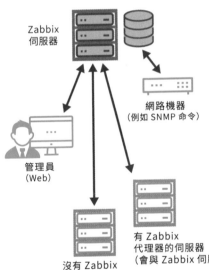

資料庫與儲存監控資料
（例如 MySQL）

Zabbix
伺服器

網路機器
（例如 SNMP 命令）

管理員
（Web）

沒有 Zabbix
代理器的伺服器
（例如 ping 命令）

有 Zabbix
代理器的伺服器
（會與 Zabbix 伺服器自動建立聯繫）

新增監控對象的畫面

這次雖以 Zabbix 為例，
但大部分監控資料中心運作情況的軟體都是這類架構。

Point

✐正式上線之後的管理模式，大致可分成運作管理與系統維護這兩種。

✐現在已是從系統的開發到運作管理都可利用 OSS 完成的時代。

》 管理伺服器的性能

掌握伺服器的狀況與強化、追加伺服器的性能

在管理網路系統時，最為重要的就是管理伺服器的性能。尤其使用者人數急遽變化的系統的 CPU 或記憶體的使用率，會在突然出現大量連線的時候上升，造成伺服器難以承受的負擔，進而無法正常運作。

為了避免這類問題發生，基本上要利用運作監控軟體設定臨界值或是使用性能管理服務，一旦超過臨界值就發送警告訊息。此外，也可使用 **8-12** 介紹的方法，自行確認 **CPU** 或記憶體的使用率（圖 9-15）。如果使用的是租用主機服務或雲端服務，可視情況立刻增加伺服器的性能或數量，建議大家先行確認這類備案。不管採用哪種方式管理伺服器的性能，**都必須能在伺服器的負荷超過極限的時候，立刻收到警告訊息，也必須事先了解自行監控伺服器狀況的方法。**

調整程序的優先順位

除了上述的方法之外，也可變更程序的優先順序。伺服器通常會同時進行多項處理，此時可變更這些處理的優先順序，避免伺服器的負擔太重。圖 9-16 是利用 Windows Server 的工作管理員調整優先順序的範例。若使用的是 Linux 系統，則可利用 renice 指令調整。如果只有 CPU 的使用率過高，只需要解決造成使用率過高的問題，但如果 CPU 的使用率正常，就得依序確認記憶體與磁碟的使用率。

業務系統通常會將多種系統放在同一台伺服器，所以很常調整各程序的優先順序，但先放下網路或雲端的概念，思考「如果是本地系統，該怎麼調整優先順序」或是「如果是業務系統，又該如何調整優先順序」，也是非常重要的工作。

圖 9-15 管理性能的範例

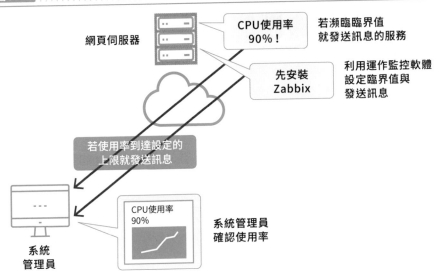

網頁伺服器

CPU使用率 90%！

若瀕臨臨界值就發送訊息的服務

先安裝 Zabbix

利用運作監控軟體設定臨界值與發送訊息

若使用率到達設定的上限就發送訊息

CPU使用率 90%

系統管理員確認使用率

系統管理員

圖 9-16 調整程序優先順序的範例

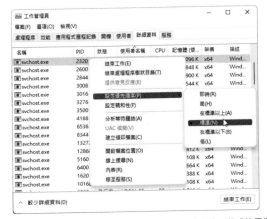

將優先順序從「標準（N）」設定為「高（H）」的範例

將需要調高優先順序的處理設定為「高（H）」，再將需要調低的處理設定為「標準（N）」或是「低（L）」

若想將 Linux 執行的程式（ID：11675）的優先順序從預設的 0 設定為略低的「10」，可輸入「$sudo renice -10 -p 11675」的指令

※不需管理員權限就能利用 renice 命令調降優先順序。程式的優先順序（nice）介於 -20（高優先順序）～ 19（低優先順序）之間。

Point

- 提供網路服務時，必須管理伺服器的性能，掌握伺服器的使用狀況，並在伺服器瀕臨崩潰時能接收警告訊息與立刻解決問題。

- 除了增加伺服器的性能，還可以調整程序的優先順序，減輕伺服器的負擔。

≫ 排除障礙的機制

主要型與備援型

即使發生故障仍能繼續運作的系統稱為容錯系統（Fault Tolerance System）。為了維持系統的穩定，就不能不事先制定排除故障或備份資料的對策，這種思維也同樣適用於網路系統與業務系統。

如圖 9-17 將伺服器分成主要型（Active）與備援型（Standby）兩種，這種方式可在運作中的機器發生故障時，讓備用的機器填補缺口，或是利用多台機器分散負擔。

叢集的概要

準備多台主要型與備援型的伺服器稱為冗餘式機制，從使用者的角度來看，主要型與備援型的伺服器位於同一個系統的方式又稱為「叢集伺服器系統」。如圖 9-18 所示，實體伺服器主要有熱待機模式與冷待機模式這兩種模式。

雲端服務除了伺服器，還有網路機器，所以使用者可選擇是否追加熱待機模式或冷待機模式這類服務。此外，**也有介於熱待機模式與冷待機模式之間的故障轉移模式（Failover），而這是一種自行重新啟動，再切換至備援型伺服器的機制。**

上述就是排除故障的基本方式，但有時得根據系統的重要性與規模，針對系統、應用程式或資料進行不同的處理。下一節將進一步介紹備份的方式。

圖9-17 伺服器故障排除策略的概要

對　象	技　術	概　要	性　質
伺服器本體	叢集	主要型發生故障時，切換成備援型	冗餘式機制
	負載均衡	●將負擔分至多台伺服器，避免發生故障 ●當然不能因此導致伺服器的性能下降	負載均衡

冗餘式機制　　　　　　　　　　負載均衡

圖9-18 實體伺服器的叢集概要

熱待機模式的範例

伺服器之間不斷地複製資料

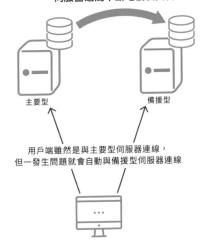

主要型　　　　備援型

用戶端雖然是與主要型伺服器連線，
但一發生問題就會自動與備援型伺服器連線

熱待機模式

●建立主備模式的伺服器，提升系統的穩定性。
●隨時將主要型伺服器的資料複製到備援型伺服器，以便在發生故障時立刻切換伺服器。

冷待機模式

●一樣要先建立主備模式的伺服器。
●在主要型伺服器發生故障之後才啟動備援型伺服器，所以需要一段時間才能立刻切換伺服器。

Point

✎建立主要型與備援型的伺服器即可打造冗餘式機制，而這種機制又分成熱待機模式與冷待機模式。

✎也有介於熱待機模式與冷待機模式之間的故障轉移模式。

» 規劃備份方式

依照系統的重要性規劃備份方式

為了進一步介紹備份方式，如圖 9-19 所示，將冷待機模式、暖待機模式、熱待機模式放在直欄，再將系統與伺服器、資料與儲存裝置放在橫列，整理出各種備份方式。暖待機模式則是能靈活應用網路供應商或雲端服務相關服務的功能。

從圖 9-19 可以發現**越是位於下方的備份方式，該系統的重要性越高**。如果是擁有大量顧客，不容片刻停止接受訂單與失去業績的系統，就得選擇熱待機這種備份方式。反之，若是能暫時停止提供資訊，過一段時間再復原的系統，則可試著壓低備份資料的成本。

中小型網頁應用程式也需重視排除故障的對策

有些企業是以手動的方式備份中小型網頁應用程式的資料。例如定期從 FTP 下載需要備份的檔案，再於故障時利用這些備份的檔案還原系統。不過，本書不太推薦這種方式，因為只要多花一點點的錢，就能使用網路供應商或雲端服務業者提供的自動備份服務。

比較自動備份與手動備份所需的時間與步驟之後，就會發現自動備份服務的定價非常划算。不過，就算使用這項服務，有些商務系統還是有可能會暫停運作，所以為了因應這個問題，必須進一步規劃由誰負責備份與還原系統。規劃備份方式的重點不在於備份的方式，而**在於還原系統的方法，規劃的方向也會因此變得更加明確**（圖 9-20）。

圖 9-19　備份方式與備份時機的考量

備份方式	系統 / 伺服器	資料 / 儲存裝置	應用方式與費用
冷待機模式	△	○	●會先預備一台伺服器,所以比同時使用兩台便宜。 ●儲存裝置會準備兩套
暖待機模式※	(○)	○	●會準備一台功能最陽春的備用伺服器,而且會讓這台伺服器持續運作 ●儲存裝置會準備兩套
熱待機模式	○	○	準備一台規格與主要型伺服器相當的伺服器以及儲存裝置,而且讓這些伺服器同時運作

○或△是包含還原功能的備份系統。

※也有準備備份專用的儲存空間,只備份必需資料的方式。

圖 9-20　中小型網頁應用程式的備份與還原的範例

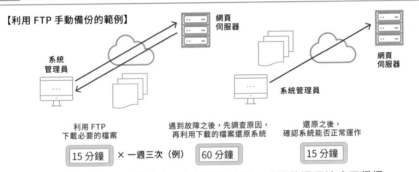

【利用 FTP 手動備份的範例】

系統管理員　　網頁伺服器　　網頁伺服器　　系統管理員

利用 FTP
下載必要的檔案　　遇到故障之後,先調查原因,
再利用下載的檔案還原系統　　還原之後,
確認系統能否正常運作

15 分鐘　× 一週三次(例)　60 分鐘　15 分鐘

雖然節省了備份的成本,但過程很麻煩,系統的還原速度又很慢

【使用自動備份服務的範例】

網頁伺服器　　定期
完整備份的
服務

多數的 OSS 或外掛程式在更新的時候,往往會發生問題,所以最好選用簡單迅速的備份服務。

系統管理員

自動備份　　不需調查問題,只需
執行完整還原系統的處理　　還原之後,
確認系統能否正常運作

0 分鐘　5 分鐘　15 分鐘

成本低廉,還原處理又快又簡單

Point

🖊 備份方式與系統的重要性成正比。

🖊 中小型網頁應用程式可從還原系統的觀點規劃備份方式。

小 試 身 手

系統的實用性與安全性

系統的實用性、性能、運作、安全性都很抽象，卻都是不可或缺的元素。但話說回來，當租用主機服務與雲端服務變得普及，情況就大不相同了，使用者可自行追加需要的服務，例如可決定是否追加安全性策略的服務，或是監控運作情況的服務。

比方說，可選擇是否追加 IDS/IPS、WAF、歷程分析這類服務，也可以選擇是否追加電子郵件篩檢、病毒防護、DDoS 攻擊防護策略這類服務。不同的系統需要不同的功能，但還是得先釐清哪些是必備的功能。此時最該先思考的是自外部與內部的不當存取或攻擊（請參考下圖）。

釐清安全性威脅的範例

下圖試著以符號或框框標記了實際遇到的安全性威脅以及潛在的安全性威脅。如果出現新的安全性威脅，可將這類威脅放入圖中。

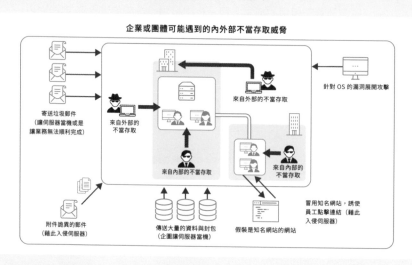

若是公司內部的系統，通常只會遇到內側長方形內的威脅，但網路系統則會遇到更多的安全性威脅。

用 語 集

［「 ➡ 」之後的數字是相關的內文章節］

A ～ Z

Angular　　　　　　　　　　　（ ➡ 8-4 ）
一個基於 TypeScript 的 JavaScript 框架。是 Google 開發的通用框架。

Apache　　　　　　　　　　　（ ➡ 3-10 ）
Linux 系統中最普及的網頁伺服器。

API　　　　　　　　　　　　　（ ➡ 1-7 ）
API 是 Application Programing Interface 的簡稱，原本是指不同的軟體彼此互動的介面，但在網路則是指系統交換資料的機制，而不是超文件的畫面。

API（資料傳送）方式　　　　　（ ➡ 8-9 ）
舉例來說，商務網站建立以 SSL 接收信用卡資訊的網頁，再透過第三方支付公司的伺服器的 API 進行處理（商務網站會儲存信用卡資訊）。

ASP.NET　　　　　　　　　　　（ ➡ 8-5 ）
微軟提供的網頁應用程式開發框架，也是目前規模最大的框架。

AWS　　　　　　　　　　　　　（ ➡ 3-12 ）
AWS 是 Amazon Web Service 的縮寫，是 Amazon 提供的雲端服務。

Azure　　　　　　　　　　　　（ ➡ 3-12 ）
微軟提供的雲端服務。

CAPTCHA　　　　　　　　　　（ ➡ 9-5 ）
CAPTCHA 是 Completely Automated Public Turing Test To Tell Computers and Humans Apart 的縮寫，是驗證使用者並非機器人的安全性策略。

CGI　　　　　　　　　　　　　（ ➡ 2-9 ）
CGI 是 Common Gateway Interface 的縮寫，指的是在動態頁面輸入資料→執行處理→輸出結果這一連串程序的閘門或觸發器。

Chrome　　　　　　　　　　　（ ➡ 1-6 ）
Google 開發的網頁瀏覽器。

Cloud Foundry　　　　　　　　（ ➡ 6-7 ）
PaaS 相關的開源碼軟體。

CMS　　　　　　　　（ ➡ 2-12 、 ➡ 7-4 ）
CMS 是 Content Management System 的縮寫，其中包含基本的網頁功能、部落格功能與管理功能。

Co-location 服務　　　　　　　（ ➡ 6-6 ）
資料中心提供的服務之一，使用者可自行管理伺服器與監控系統的運作情況。

Container 類型　　　　　　　　（ ➡ 8-10 ）
簡化虛擬伺服器架構的虛擬化技術。

Cookie　　　　　　　　　　　（ ➡ 2-13 ）
重新連線所需的功能，可儲存網頁伺服器傳送給網頁瀏覽器的資料。

CSS　　　　　　　　　　　　　（ ➡ 2-4 ）
CSS 是 Cascading Style Sheets 的縮寫，又稱為樣式表，主要用於設計網頁的外觀以及塑造網頁的一致性。

DHCP　　　　　　　　　　　　（ ➡ 3-4 ）
DHCP 是 Dynamic Host Configuration Protocol 的縮寫，是指派 IP 位址的功能。

DMZ　　　　　　　　　　　　　（ ➡ 9-3 ）
DMZ 是 DeMilitarized Zone 的縮寫，是為了避免內部網路被入侵，於防火牆與內部網路之間設置的安全性系統專用網路。

DNS　　　　　　　　　　　　　（ ➡ 3-5 ）
DNS 是 Domain Name System 的縮寫，是將網域名稱與 IP 位址串在一起的功能。

Docker　　　　　　　　　　　（ ➡ 8-10 ）
建立容器的軟體。

DoS 攻擊　　　　　　　　　　（ ➡ 9-4 ）
DoS 是 Denial of Service 縮寫，指的是伺服器在短時間內被大量連線的攻擊。

Elasticsearch （➡ 8-14）

是一種開源碼軟體，可用來全文搜尋與分析搜尋結果。

FQDN （➡ 1-4）

FQDN 是 Fully Qualified Domain Name 的簡寫，又稱為完整網域名稱。例如 https://www.shoeisha.co.jp/about/index.html 的 FQDN 就是「www.shoeisha.co.jp」這個部分。

FTP （➡ 3-8）

FTP 是 File Transfer Protocol 的簡寫，是與外部分分享檔案，或將檔案上傳至網頁伺服器的通訊協定。

GCP （➡ 3-12）

GCP 是 Google Cloud Platform 的縮寫，是由 Google 提供的雲端服務。

GDPR （➡ 7-6）

GDPR 是 General Data Protection Regulation 的縮寫，是歐盟一般資料保護規範的意思。

GIF （➡ 7-10）

GIF 是 Graphics Interchange Format 的縮寫，可用來製作動畫，但只具有 256 色，是檔案容量很小的圖檔格式。

Host OS 型 （➡ 8-10）

由於透過虛擬伺服器存取實體伺服器時，是經由 Host OS 存取，所以存取速度有可能會變慢，但故障時，比 Hypervisor 類型更容易找出問題。

Hosting （➡ 6-6）

資料中心提供的服務型態之一，業者保有伺服器這類 ICT 機器，也負責監控系統的運作情況。

Housing 服務 （➡ 6-6）

資料中心提供的服務之一，使用者可保有伺服器這類通訊機器，業者則負責監控系統的運作情況。

HTML （➡ 2-3）

HTML 是 Hyper Text Markup Language 的縮寫，是一種用來撰寫超文件的語言，會使用「＜標籤＞」這種符號撰寫。

HTTP 方法 （➡ 2-6）

指的是 GET 或 POST 這類 HTTP 要求。

HTTP 回應 （➡ 2-7）

網頁伺服器從網頁瀏覽器接收 HTTP 要求之後的回應。

HTTP 要求 （➡ 2-6）

在 HTTP 通訊協定下，由網頁瀏覽器向網頁瀏覽器發出的要求。

Hypervisor 類型 （➡ 8-10）

主流的虛擬化軟體，是在實體伺服器安裝虛擬化軟體，再於虛擬化軟體讓 Linux 或 Windows 這類 Guest OS 執行。

IaaS （➡ 6-2）

IaaS 是 Infrastructure as a Service 的縮寫，指的是業者提供伺服器、網路機器、OS 的服務，使用者可自行安裝中介軟體、開發環境與應用程式。

IDS （➡ 9-3）

IDS 是 Intrusion Detection System 的簡寫，指的是入侵偵測系統，可偵測非預期的連線活動。

IPS （➡ 9-3）

IPS 是 Intrusion Prevention System 的縮寫，意思是可自動阻斷異常連線的入侵防護系統。

IP 位址 （➡ 3-3）

在網路識別身分的編號，在 IPv4 的模式下，是以點間隔 0 ～ 255 的 4 個數字。

ISP （➡ 1-9）

網路供應商的簡稱，也就是提供網路相關服務的業者。

Java Servlet （➡ 8-5）

常與 JSP 搭配使用。可根據要求的內容執行對應的處理，JSP 再於畫面顯示處理結果。

JavaScript （➡ 2-11）

用戶端最具代表性的腳本語言之一。

JPEG （➡ 7-10）

JPEG 是 Joint Photographic Experts Group 的簡寫。數位相機、智慧型手機拍照功能使用的標準圖檔格式，最多可具有 1,677 萬種顏色。

JSON （➡ 8-7）

JSON 是 JavaScript Object Notation 的簡寫。與 XML 同樣可用來交換資料，是介於 CSV 與 XML 之間的格式。

JSP （➡ 8-5）

JSP 是 Java Server Pages 的縮寫，是最具代表性的伺服器端網頁產生技術之一。

Kubernetes （➡ 8-11）

最具代表性的協調 OSS。

LAMP　　　　　　　　　　　（➡ 8-1）

LAMP 是 Linux、Apache、MySQL、PHP 取首字組成的單字，也是最具代表性的網頁應用程式後台軟體。

LAN　　　　　　　　　　　（➡ 5-6）

LAN 是 Local Area Network 的縮寫，是企業或組織的基本內部網路。

Linux　　　　　　　　　　（➡ 1-5）

最具代表性的開源 OS，也是網頁伺服器的主流 OS。

MAC 位址　　　　　　　　（➡ 3-3）

用於指定定網路裝置的編號，是以 5 個冒號或連字號串連 6 個二位數英文字母或數字的格式。

Microsoft Edge　　　　　（➡ 1-6）

微軟推出的網頁瀏覽器。

mov　　　　　　　　　　　（➡ 7-12）

Apple 特有的影片格式，可使用 QuickTime 播放。

mp4　　　　　　　　　　　（➡ 7-12）

Android 的影片格式，也是最普及的影片格式。

MVC 架構　　　　　　　　（➡ 8-3）

設計網頁應用程式的方法之一。是將應用程式分成模型（Model）、視圖（View）與控制器（Controller）三層階層的開發手法。

MySQL　　　　　　　　　　（➡ 8-1）

網頁應用程式的後台不可或缺，同時也是最具代表性的資料庫軟體之一。

Node.js　　　　　　　　　（➡ 8-6）

執行 JavaScript 的環境，讓伺服器端可以執行 JavaScript。

OpenStack　　　　　　　　（➡ 6-7）

建立雲端服務架構的開源軟體，適合用來打造 IaaS 類型的雲端服務。

OSS　　　　　　　　　　　（➡ 8-2）

OSS 是 Open Source Software 的縮寫，指的是可循環利用或散佈的軟體。這類軟體的程式碼通常會為了促進軟體開發進度與共享開發成果而公開。

PaaS　　　　　　　　　　　（➡ 6-2）

PaaS 是 Platform as a Service 的縮寫，指的是在 IaaS 的基礎之上，提供中介軟體或應用程式開發環境。

PHP　　　　　　　　　　　（➡ 2-12）

最具代表性的伺服器端腳本語言，也很常在 CMS 使用。

PNG　　　　　　　　　　　（➡ 7-10）

PNG 是 Portable Network Graphics 的縮寫。與 JPEG 一樣擁有 1,677 萬種顏色。可視情況調整透明度，縮小檔案容量，所以很常於首頁使用，商品範本圖片也很常使用這種圖檔格式。

POP3　　　　　　　　　　　（➡ 5-5）

POP3 是 Post Office Protocol Version3 的縮寫，是接收電子郵件的伺服器。

Proxy　　　　　　　　　　（➡ 3-6）

代理網路通訊的功能。

React　　　　　　　　　　（➡ 8-4）

JavaScript 的框架，Facebook 與其他網站已使用這類框架。

Rendering　　　　　　　　（➡ 1-6）

網頁瀏覽器以適當的形式處理，傳送給網頁伺服器的要求與接收到的回應，再於終端裝置的螢幕顯示的處理。

SaaS　　　　　　　　　　　（➡ 6-2）

SaaS 是 Software as a Service 的縮寫，使用者可安裝應用程式與使用相關功能的服務。使用者只需使用或設定應用程式。

Safari　　　　　　　　　　（➡ 4-3）

iPhone 推薦的網頁瀏覽器。

Samba　　　　　　　　　　（➡ 5-7）

Linux OS 的檔案伺服器功能。

SEO　　　　　　　　　　　（➡ 4-9）

SEO 是 Search Engine Optimization 的縮寫，指的是讓網站或其他媒體快速接觸目標客群的手法。

Session　　　　　　　　　（➡ 2-14）

管理網頁瀏覽器與網頁伺服器之間的處理的機制。

Session ID　　　　　　　（➡ 2-14）

透過指派 ID 的方式管理每個 Session。

SMTP　　　　　　　　　　（➡ 5-5）

SMTP 是 Simple Mail Transfer Protocol 的縮寫，指的是發送電子郵件的伺服器。

SoE （→2-1）

SoE 是 System of Engagement 的縮寫，意思是串連的系統。應用組織或個人的關聯性與相關資訊的系統。

SoR （→2-1）

SoR 是 System of Record 的縮寫，是一種用於記錄的系統，主要是用來管理組織的記錄。

SSH （→7-13）

SSH 是 Secure SHell 的縮寫。雖然各家網路供應商或雲端服務業者會在細節上有些出入，但 SSH 已是安全性連線的主流，也是從外部與網頁伺服器連線的方法之一。主要的流程就是使用 SSH 的軟體指定要連線的終端裝置或 IP 位址，同時交換金鑰檔案，完成安全性連線。

SSL （→3-7）

SSL 是 Secure Sockets Layer 的縮寫，指的是加密網路通訊過程的通訊協定。

TCP/IP 通訊協定 （→3-2）

最具代表性的網路通訊協定，是由應用層、主機傳輸層、網際網路層、網路介面層組成。

TypeScript （→2-11）

微軟與 2010 年代前期發表的程式設計語言，與 JavaScript 具有相容性。

UNIX 系列的作業系統 （→1-5）

由各家伺服器製造商提供的伺服器 OS，也是目前歷史最悠久的伺服器 OS。

URL （→1-3）

URL 是 Uniform Resource Locator 的縮寫，「http:」或「https:」後續的部分就是所謂的 URL，只要點選就能連往網頁。

UTM （→9-3）

UTM 是 Unified Threat Management 的縮寫，又稱為整合式威脅管理，可同時提供多種安全性功能。分成在入口設置具有安全性策略的伺服器或網路機器，增加具有安全性策略功能的硬體以及利用軟體控制的方法。

UX 設計 （→2-2）

UX 設計是 User Experience Design 的意思，指的是滿足使用者體驗的設計。

VPC （→6-4）

VPC 是 Virtual Private Cloud 的縮寫，是於混合雲打造私人雲的服務。

Vue.js （→8-4）

JavaScript 的框架之一，LINE 或 Apple 都使用了這種框架。

WAF （→9-4）

WAF 是 Web Application Firewall 的縮寫，是一種檢查通訊內容是否包含惡意資料的機制。

WAN （→5-6）

WAN 是 Wide Area Network 的縮寫，是電信業者提供的通訊網路。

Web 應用程式アプリ （→1-2）

Web Application 的意思，指的是線上購物這類動態機制。

Windows Server （→1-5）

微軟推出的伺服器 OS。

WWW （→1-1）

WWW 是 World Wide Web 的縮寫，是透過網路提供超文件瀏覽功能的系統。

XML （→8-7）

XML 是 Extensible Markup Language 的縮寫。是標記語言之一，目前已於各種系統應用。

Zabbix （→9-7）

於資料中心控制伺服器運作情況的軟體，也是開源軟體之一。

4 劃 ─────

內部網路 （→5-6）

由 LAN 或 WAN 組成的企業內部網路。

5 劃 ─────

主從式系統 （→1-8）

企業業務系統的基本架構。從客戶端透過 LAN 存取各種系統的伺服器。

代碼方式 （→8-9）

利用指令加密信用卡資訊之後，將信用卡資訊傳送給第三方支付公司。之後只交換加密過的資訊（乍看之下，商務網站儲存了信用卡資訊，但其實沒有儲存）。

外掛程式 （→8-2）

在應用程式的基本功能新增其他功能。

本地系統　　　　　　　　　　　　（➡ 5-1）
於自家公司配置資訊科技機器與管理相關資產的
型態。

6 劃

回應時間　　　　　　　　　　　　（➡ 5-2）
使用者發出處理的命令到處理完畢的這段時間。

多重防禦　　　　　　　　　　　　（➡ 9-2）
將不同的功能分派至不同的階層，藉此抵擋外部的不
當存取。

多重要素驗證　　　　　　　　　　（➡ 9-5）
英文是 Multi-Factor Authentication，也簡稱為 MFA。利
用 ID、密碼、IC 卡、生物辨識、非業務電腦的終端裝
置驗證身分的方法。

存取控制　　　　　　　　　　　　（➡ 9-6）
由管理、驗證使用者身分的功能、控制存取的功能，
確認存取是否正當的功能以及檢查歷程的機制組成。

7 劃

低程式碼　　　　　　　　　　　　（➡ 2-1）
盡可能不撰寫程式碼的開發模式。

冷待機模式　　　　　　　　　　　（➡ 9-9）
建立主要型、備援型伺服器，提升系統穩定性的方
法。會在發現主要型伺服器故障之後才啟動備援型伺
服器，所以需要一段時間才能完成伺服器的切換。

私有雲　　　　　　　　　　　　　（➡ 6-3）
為自家公司提供雲端服務或於資料中心為自家公司建
置雲端空間的意思。

防止複製的程式碼　　　　　　　　（➡ 7-11）
避免網頁的圖片被複製的程式碼。

防火牆　　　　　　　　　　　　　（➡ 9-2）
管理內部網路與外部的通訊，藉此執行安全性策略的
機制。

8 劃

協調　　　　　　　　　　　　　　（➡ 8-11）
管理位於不同伺服器的容器的相關性與運作順序。

受理註冊機構　　　　　　　　　　（➡ 7-5）
接受網域名稱申請的業者。

狀態碼　　　　　　　　　　　　　（➡ 2-7）
接收要求的網頁伺服器的資訊，以及說明該要求如何
處置的編碼。

9 劃

前台　　　　　　　　　　　　　　（➡ 8-6）
在網頁應用程式的開發之中，利用網頁瀏覽器瀏覽的
網站設計或其他動態效果的部分。

後台　　　　　　　　　　　　　　（➡ 8-6）
在開發網頁應用程式時，在網站後端的伺服器，操作
資料庫或執行其他處理的機制。

10 劃

個人資訊保護法　　　　　　　　　（➡ 7-6）
所有觸及個人資訊的企業或個人都必須遵守的法律。

容錯系統　　　　　　　　　　　　（➡ 9-9）
發生故障也能繼續運作的系統。

特定商業交易法　　　　　　　　　（➡ 7-6）
規定登門推銷的業者或郵購、網路商務業者必須遵守
的法律。這項法律的用意在於保護消費者的權益。

租用伺服器　　　　　　　　　　　（➡ 3-9）
網路供應商將伺服器或網路租給用戶的服務。

11 劃

動態頁面　　　　　　　　　　　　（➡ 2-5）
根據使用者輸入的內容或使用狀態動態提供內容的
網頁。

專用應用程式　　　　　　　　　　（➡ 1-3）
由提供網路服務的企業提供的應用程式，通常會針對
使用者的各種裝置進行設計。由於應用程式內建了
URL，所以應用程式一啟動，就能立刻連上對應的網
路服務。

控制器伺服器　　　　　　　　　　（➡ 6-7）
位於雲端服務業者資料中心，可統一管理服務的
伺服器。

混合雲　　　　　　　　　　　　　（➡ 6-3）
最具代表性的雲端服務包含亞馬遜的 AWS、微軟的
Azure、Google 的 GCP，而這些雲端服務都是混合雲
的一種，主要是針對不特定多數的企業、團體或個人
提供的服務。

混搭　　　　　　　　　　　　　　（➡ 8-8）
於用戶端執行處理，再將多個網路服務（網路系統）合而為一的技術。

移植　　　　　　　　　　　　　　（➡ 6-8）
讓系統移動到其他環境。

第五代通訊系統　　　　　　　　（➡ 4-10）
俗稱 5G 的通訊系統，適合傳輸大量的資料。

連接埠編號　　　　　　　　　　（➡ 3-8）
TCP/IP 訊息標頭的編號。

連結方式　　　　　　　　　　　（➡ 8-9）
舉例來說，就是商務網站連結至第三方支付網站，完成結帳流程後，再回到商務網站（商務網站並非保存信用卡資料，但看起來有保存）。

頂級域名　　　　　　　　　　　（➡ 7-5）
顧名思義，是最上層的域名，例如 .jp、.com、.net 就是頂級域名。

12 劃

最大通訊速度　　　　　　　　　（➡ 4-10）
代表通訊系統性能之一的數值，指的是每秒傳送的資料量。

無狀態　　　　　　　　　　　　（➡ 2-6）
每傳輸一次資訊就中止連線的 HTTP 通訊協定。

無程式碼　　　　　　　　　　　（➡ 2-1）
只設定，不撰寫程式的系統建置方式。

虛擬伺服器　　　　　　　　　　（➡ 5-4）
又稱為 Virtual Machine（VM）或是實體。若以實體伺服器為例，就是在一台伺服器虛擬多台伺服器功能的意思。

註冊管理機構　　　　　　　　　（➡ 7-5）
管理網域名稱的機構或團體。

超文件　　　　　　　　　　　　（➡ 1-1）
讓多個文件建立關聯性的機制，可讓網頁與其他網頁連結。

超連結　　　　　　　　　　　　（➡ 1-1）
組成網站的眾多網頁會以連結或參照的方式與其他網頁建立關聯性，是一種多張網頁互相連結的狀態。

開發人員工具　　　　　　　　　（➡ 2-8）
內建於網頁瀏覽器的開發人員專用工具。

雲端　　　　　　　　　　　　　（➡ 6-1）
雲端運算的簡稱，是透過網路使用資訊系統、伺服器或資訊科技資源的型態。

雲端服務　　　　　　　　　　　（➡ 3-9）
透過網路提供資訊科技資源的服務。

雲端原生環境　　　　　　　　　（➡ 6-2）
在雲端環境開發或運用系統的型態。

13 劃

暖待機模式　　　　　　　　　　（➡ 9-10）
除了主要型伺服器，還另外建立備援型伺服器，提升系統的穩定性。備援型伺服器只具備最簡單的功能，並在主要型伺服器發生故障時使用。

腳本語言　　　　　　　　　　　（➡ 2-10）
可執行處理的程式設計語言，但不需要另外編譯。

資料中心　　　　　　　　　　　（➡ 6-6）
有效率地存放與運用大量伺服器、網路機器的建築物。主要是從 1990 年代開始普及，目前已是雲端服務的基礎建設。

14 劃

網頁伺服器　　　　　　　　　　（➡ 1-2）
終端裝置的網頁瀏覽器透過網路連線的位置，是由裝置（網頁瀏覽器）、網路、網頁伺服器組成。

網頁設計師　　　　　　　　　　（➡ 2-2）
專門設計網站的設計師。

網頁瀏覽器　　　　　　（➡ 1-2、➡ 1-6）
用於瀏覽網頁的軟體。也稱為網路瀏覽器，可將超文件轉換成方便瀏覽的格式。

網站　　　　　　　　　　　　　（➡ 1-2）
以文字資訊的網頁組成的集合體。

網站管理員　　　　　　　　　　（➡ 7-13）
可替網站追加、變更內容或執行相關操作，但無法設定伺服器或安裝軟體的人。

網域名稱　　　　　　　　　　　（➡ 1-4）
以 https://www.shoeisha.co.jp/about/index.html 為例，就是「shoeisha.co.jp」的部分。在網路的世界裡，每個網域名稱都是獨一無二的，而且擁有對應的全球 IP 位址。

網域管理員 （→ 7-13）

負責新增、變更網站內容，確認網站是否正常運作、
更新軟體的管理者，主要是從後台管理網站或伺服器。

網路系統 （→ 1-2）

網站、網頁應用程式互相連動，並以 API 提供服務的
機制。這種機制的架構稍微複雜，規模也比較大。

網際網路交換中心 （→ 1-9）

也稱為網路接點、網路相互接點或 IX，是位於網路供
應商上層的機構，負責讓網路互相連線。

15 劃

標籤 （→ 2-3）

撰寫 HTML 的標記。

熱待機模式 （→ 9-9）

建立主要型、備援型伺服器，藉此提升系統穩定性的
方法。主要型伺服器會隨時將資料複製到備援型伺服
器，一旦有任何故障就立刻切換至備援型伺服器。

編譯語言 （→ 8-5）

檔案撰寫完成之後，必須先編譯才能執行的程式語言。

16 劃

靜態頁面 （→ 2-5）

只顯示文字，沒有任何動態的頁面。

17 劃

檔案伺服器 （→ 5-7）

分享檔案的伺服器。

18 劃

斷點 （→ 7-8）

作為網頁切換版面基準的螢幕大小，相當於電腦、平
板電腦、智慧型手機的螢幕邊界的值。

轉址 （→ 7-7）

從某張網頁切換至另一張網頁的意思。通常會是從
http 切換成 https。

19 劃

邊緣運算 （→ 8-8）

在使用者附近設置伺服器功能或部分伺服器的運算
方式。

關鍵任務 （→ 5-2）

指的是 24 小時、365 天都不能停止運作的大型系統，
通常也是社會基礎建設。

21 劃

響應式網站設計 （→ 4-2）

依照使用者的裝置或網頁瀏覽器提供不同網頁的網站
設計。

22 劃

權限 （→ 3-10）

替網頁伺服器的特定目錄或檔案設定讀寫與執行的
權限。

結 語

至此已為大家整理介紹了 Web 技術這項主題。

想必大家已經明白，網路的服務或系統將會比現在更普及，也會成為我們的生活或貿易不可或缺的基礎機制。

本書雖然整理了與 Web 技術有關的基本重點，但要實際使用各業者提供的服務或是開發網路服務的時候，建議大家參考相關的專業書籍或網站。

若除了 Web 技術之外，還想進一步了解資訊系統或是 IT 相關的基礎知識，可參考筆者另外撰寫的《超圖解伺服器的架構與運用》與《圖解雲端技術的原理與商業應用》（都是由翔泳社出版）。由於寫作方式相同，又是由同一名作者撰寫，應該很容易閱讀才對。

最後要感謝岸均先生、渡辺登先生、大脇真悟先生、田中淳史先生、富岡弘樹先生、渡邊圭介先生、金城恒夫先生、中島康裕先生、汪 KIN 垠先生、田原幹雄先生，感謝他們於本書執筆時給予諸多幫忙，也要感謝富士通雲端技術株式會社或其他開發網站系統、網站服務的朋友。此外，還要感謝從本書的企劃到付印時給予全面協助的翔泳社編輯部。

若本書能在各位讀者應用 Web 技術時給予一些幫助，那將是筆者無比的榮幸。

西村 泰洋

索引

圖解 Web 技術的機制

作　　者：西村泰洋
裝訂＆文字設計：相京厚史（next door design）
封面插圖：越井隆
譯　　者：許郁文
企劃編輯：莊吳行世
文字編輯：江雅鈴
設計裝幀：張寶莉
發 行 人：廖文良

發 行 所：碁峰資訊股份有限公司
地　　址：台北市南港區三重路 66 號 7 樓之 6
電　　話：(02)2788-2408
傳　　真：(02)8192-4433
網　　站：www.gotop.com.tw
書　　號：ACN037000
版　　次：2022 年 04 月初版
建議售價：NT$480

商標聲明：本書所引用之國內外公司各商標、商品名稱、網站畫
面，其權利分屬合法註冊公司所有，絕無侵權之意，特此聲明。

版權聲明：本著作物內容僅授權合法持有本書之讀者學習所用，
非經本書作者或碁峰資訊股份有限公司正式授權，不得以任何形
式複製、抄襲、轉載或透過網路散佈其內容。
版權所有 ● 翻印必究

國家圖書館出版品預行編目資料

圖解 Web 技術的機制 / 西村泰洋原著;許郁文譯. -- 初版. -- 臺
北市：碁峰資訊, 2022.04
　　面；　　公分
　　ISBN 978-626-324-112-1(平裝)
　　1.CST：全球資訊網　2.CST：網際網路
312.1695　　　　　　　　　　　　　　　111002460

讀者服務

● 感謝您購買碁峰圖書，如果您
對本書的內容或表達上有不清
楚的地方或其他建議，請至碁
峰網站：「聯絡我們」\「圖書問
題」留下您所購買之書籍及問
題。（請註明購買書籍之書號及
書名，以及問題頁數，以便能
儘快為您處理）
http://www.gotop.com.tw

● 售後服務僅限書籍本身內容，
若是軟、硬體問題，請您直接
與軟體廠商聯絡。

● 若於購買書籍後發現有破損、
缺頁、裝訂錯誤之問題，請直
接將書寄回更換，並註明您的
姓名、連絡電話及地址，將有
專人與您連絡補寄商品。